动物进化历程

DONGWU JINHUA LICHENG

走进科学·生物世界丛书

本书编写组◎编

“走进科学”让我们了解科学的精神，具有科学的思想，激励我们使用科学的方法，学到科学的知识。人的生命和大自然息息相关，让我们走进多姿多彩的大自然，了解各种生物的故事踏上探索生物的旅程。

ZOUJIN KEXUE
SHENGWU SHIJIE CONGSHU

世界图书出版公司
广州·北京·上海·西安

图书在版编目（CIP）数据

动物进化历程／《动物进化历程》编写组编著．—广州：广东世界图书出版公司，2009．12（2024.2 重印）
ISBN 978－7－5100－1564－9

Ⅰ．①动… Ⅱ．①动… Ⅲ．①动物－进化－青少年读物 Ⅳ．①Q951－49

中国版本图书馆 CIP 数据核字（2009）第 237607 号

书　　名	动物进化历程 DONGWU JINHUA LICHENG
编　　者	《动物进化历程》编写组
责任编辑	韩海霞
装帧设计	三棵树设计工作组
出版发行	世界图书出版有限公司　世界图书出版广东有限公司
地　　址	广州市海珠区新港西路大江冲 25 号
邮　　编	510300
电　　话	020-84452179
网　　址	http://www.gdst.com.cn
邮　　箱	wpc_gdst@163.com
经　　销	新华书店
印　　刷	唐山富达印务有限公司
开　　本	787mm×1092mm　1/16
印　　张	10
字　　数	120 千字
版　　次	2009 年 12 月第 1 版　2024 年 2 月第 11 次印刷
国际书号	ISBN　978-7-5100-1564-9
定　　价	48.00 元

前 言

PREFACE

我们知道，大约 50 亿年前，地球形成了。在之后相当长的一段时期内，地球上的地震和火山活动十分频繁。直到 45 亿年前，这种活动逐渐变少，慢慢稳定下来，地表上面皱褶密布、高山、平原、河床、海盆等各种地形全都形成了。但是，这一时期的地球上没有生命，因为缺少一个孕育生命的必备条件 ——水！

不过，随着地壳逐渐冷却，大气的温度慢慢降低，加之水气层中悬浮着无数尘埃和火山灰，终于促成了降水的条件。水汽以尘埃和火山灰为凝结核，变成了水滴，降到地面上。最后随着降水越来越多，几乎整个地球表面都被水覆盖，成为名副其实的“水球”。最早的动物，甚至说生物就是出现在海洋中。

地球上的生命，从最原始的无细胞结构生物进化为有细胞结构的原核生物，从原核生物进化为真核单细胞生物，然后按照不同方向发展，出现了真菌界、植物界和动物界。

动物是多细胞真核生命体中的一大类群，称之为动物界。动物一般不能将无机物合成有机物，只能以有机物（植物、动物或微生物）为食料，因此具有与植物不同的形态结构和生理功能，以进行摄食、消化、吸收、呼吸、循环、排泄、感觉、运动和繁殖等生命活动。

古代人们在栽培植物和驯养动物的生产实践中，积累了关于生物的形态、构造和生活习性的知识，逐步形成了朴素的生物进化思想。但是，在近代科学诞生以前，进化思想发展缓慢，当时广为流行的是神创论和物种不变论。

这种观点直到18世纪仍在生物学中占统治地位。

随着生产和科学的发展，在大量事实的影响下，这两种理论的统治地位开始出现动摇。1809年，法国学者拉马克用环境作用的影响、器官的用进废退和获得性的遗传等原理解释生物进化过程，创立了第一个比较严整的进化理论。

1859年，达尔文发表《物种起源》一书，论证了地球上现存的生物都由共同祖先发展而来，它们之间有亲缘关系，并提出自然选择学说以说明进化的原因，从而创立了科学的进化理论，揭示了生物发展的历史规律。

动物普遍地被认为是演化自一个鞭毛真核生物，其在形态上和某些海绵相似。在距今六亿三千五百万年前至七亿一万三千万年前的岩石层中，发现了只在海绵动物的细胞膜中出现了固态胆固醇。现在最早的动物可以追溯到海绵时代。

简单地说，动物界的进化经历了一个从原始鞭毛虫到多细胞动物，从原始多细胞动物到出现脊椎动物。随着海洋面积的逐渐缩小，部分海洋脊椎动物开始向陆地进军，演化到两栖类，从中分化出哺乳类和鸟类，哺乳类中的一支进一步发展为高等智慧生物，这就是人。

对人类来说，动物是最亲密的物种。本书从进化和科学的视角，全方位地解读动物的进化历程，探究这种古老而神奇的物种。

Contents

目　录

从无脊椎到有脊椎

从水生到陆地

从滑翔到飞翔

哺乳动物时代

繁荣的昆虫世界

从无脊椎到有脊椎

CONG WUJIZHUI DAO YOUJIZHUI

无脊椎动物的出现至少早于脊椎动物1亿年。大多数无脊椎动物化石见于古生代寒武纪，当时已有节肢动物的三叶虫及腕足动物。随后发展了古头足类及古棘皮动物的种类。到古生代末期，古老类型的生物大规模绝灭。中生代还存在软体动物的古老类型，如菊石等，到末期即逐渐绝灭。随后软体动物大量出现，到新生代演化成现代类型众多的无脊椎动物，而在古生代盛极一时的腕足动物至今只残存少数代表。

无脊椎动物的分支——最低等的后口动物、棘皮动物逐渐进化，首先进化到仅在尾部具有脊索的尾索动物和脊索纵贯全身的头索动物，接着进化到脊椎动物。脊椎动物一般体形左右对称，全身分为头、躯干、尾三个部分，躯干又被横膈膜分成胸部和腹部，有比较完善的感觉器官、运动器官和高度分化的神经系统。

动物老祖宗：海绵

你知道地球上最早的动物是什么吗？我来告诉你吧，它就是海绵。科学家认为，动物最早的祖先是海绵，它们在地球上已生存了至少5.6亿年，其

浑身是孔的海绵

中距今约5亿年左右的海绵化石也已被发现。

从外表看上去，海绵非常像植物，为此，在很长的时间内人们一直认为它们是生活在水中的一种植物，就连一些生物学家也这样认为。

直到1765年有一位叫爱勒斯的生物学家才第一次将海绵归属于动物。海绵少数生活在淡水中，绝大多数栖息于海洋深处。它们固着在不同海域的岩石和珊瑚礁上生长，甚至海底火山口附近。海绵千姿百态，有瓶状、管状和树状等，颜色也绚丽多彩。

海绵是生活在海中的一种低等无脊椎动物。它的身体里有许多小孔，水不断地从小孔中流过，其中的营养物质被海绵吸收，废物被带出，随着水流排出体外，所以海绵又被称作多孔动物。

海绵的水孔，既起呼吸作用，作为氧气进入的通道；又能摄食水中营养物质，并排泄废物；也起到排出精、卵的生殖通道作用。海绵就像一个过滤器和交换器，水一刻不停地流经它的身体，氧气和养料被吸收利用了，而废物则又被水流带出。

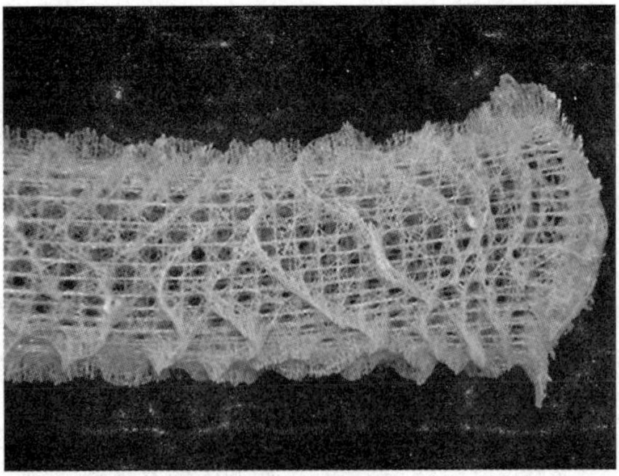

海绵是低等无脊椎动物

海绵的再生能力非常惊人。如果将一块海绵切成几块抛进海里，它会长成几个新的海绵。即使将它们碾得粉碎，放进海里，它们也会三五成群地抱在一起组成细胞集团。每个细胞集团都可能生成一个新海绵。

海绵可以通过无性生殖大量繁殖个体。在适宜的环境中，海绵一部分细胞能够长出芽球，以后逐渐长成新海绵。

它们还可以生出枝杈，枝杈受风浪打击时断裂，随波逐流到其他水域就会落地生根，安家落户，长成新的海绵。如果海绵漂到不适宜的环境，在干旱、寒冷的环境下得不到应有的养料和温度，那么海绵会暂时委曲求全，等待有利条件，再焕发生机。

长大的海绵附在海底岩石上

海绵也可以进行有性生殖。成熟的雄海绵能够释放出烟雾一样的精子。第一个排出生殖细胞的海绵同时释放出一种化学物质，它随着海水流动，可以刺激同一水域的其他海绵立即响应。雌海绵接到信号后，可以大量排放光亮的粘结成丝的卵子，不失时机地和精子结合产生受精卵。大量的受精卵可以发育出成群的幼虫。幼虫全身长满了鞭毛。它们靠划动鞭毛移动位置，幼虫随着海流到处流浪。

当它们长大后，就会沉到海底，附着在海底的岩石上或者甲壳类动物的外壳上，成长为新的海绵体。

为了抵御天敌，不被鱼、海龟等动物捕食，海绵也有自己的保护措施，有的会将骨针裸露在外面，使捕食者不敢轻举妄动；有的海绵会产生非常难闻的气味，使其他生物避而远之；有的会产生毒素。

尽管这样，有些动物还是与海绵建立起非常好的共生或寄生关系，有的海绵就成为寄居蟹的居住场所，这也是海洋生物学家会在海底发现会游动海绵的原因。

三叶虫和它的时代

在很早很早以前，地球上到处是海洋，没有我们现在看到的这些动物，只在海洋里有一些低等的动物。这些动物的身体构造都比较简单，大多有坚硬的外壳，其中有我们熟悉的三叶虫。

1968 年的一个夏天，一位美国的业余化石专家在位于犹他州附近，也是以三叶虫化石闻名的羚羊泉敲开了一片化石。这一敲不但松动了 100 多年以来现代人类所笃信的进化论，更替人类发展史研究敲开了另一扇门。

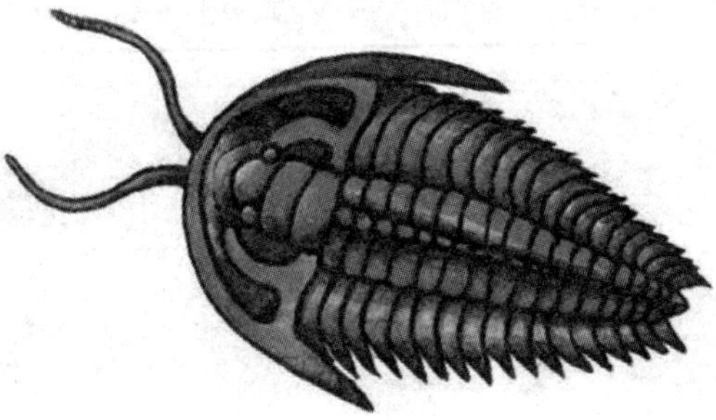

三叶虫

这位名叫威廉·J·梅斯德的美国人在敲开这片化石之后，赫然发现一个完整的鞋印就踩在一只三叶虫上。从鞋印后跟部分来看，这应该是一双和现代人类所穿的便鞋类似的鞋子，也就是说这只鞋子的主人是生活在一个有一定文明下的环境。令人纳闷的是，三叶虫是一种生长于 6 亿年前至 2 亿多年前的生物。换句话说，在这久远的历史时期之前，是不是有着和我们一样的人类文明存在？

三叶虫最早是随着海洋里的小壳动物群而出现的，小壳动物群主要是一大批个体微小、低等的软体动物。当时的海洋条件已经适合于它们生存，这些动物给三叶虫带来了丰富的食源。在那时的海洋中，三叶虫还没有遇到有力的竞争对手，因此它们横行霸道，迅速发展，成了三叶虫的世界。

三叶虫的身体分为头部、胸部和尾部三个部分，背面的甲壳坚硬，正中突起，两肋低平，也形成纵列的三部分，三叶虫的名字就是这么来的吧。由于三叶虫的背壳坚硬，所以容易被保存成为化石。我们今天了解这种绝灭了的动物，全是通过化石来认识它们的。

三叶虫化石

三叶虫的背面硬而光滑，并且还有小瘤，这些小瘤与背甲上的颊刺、肋刺、尾刺一起，构成了复杂的防护“盔甲”。可见，当时海洋中即使有比三叶虫强悍的动物，也不敢轻易冒犯它们。

三叶虫具有很好地适应环境的生存方式。有些种类的三叶虫喜欢游泳，有些种类喜欢在水面上漂浮，有些喜欢在海底爬行，还有些习惯于钻在泥沙中生活。

三叶虫出现后，在整个早古生代都可作为众多生物的代表，它们和许多其他生物一起共同揭开了地球走进生物多样化的序幕。从此，一个欣欣向荣的生物世界才真正出现……

海底活化石：鹦鹉螺

鹦鹉螺，你一定觉得这个名字很陌生，但你可知道，这不是只普通的海螺。世界上第一艘功能完备的核潜艇，就是根据鹦鹉螺的内部结构及游泳特点研制成功的，这艘潜艇就荣幸地命名为“鹦鹉螺号”。

鹦鹉螺

鹦鹉螺早在距今5亿多年前就出现了，与它同类的章鱼、鱿鱼、乌贼等在进化发展中身体发生了很大的变化，身体外的壳有的转入身体里面，如乌贼；有的仅仅留下一层胶质的薄膜，如鱿鱼；还有的壳已经消失了，如章鱼。它们游泳的速度加快了，可是惟独

鹦鹉螺有“活化石”之称

鹦鹉螺的壳自从演变成现在模样就没有多大变化，所以它是现存软体动物中最古老、最低等的种类，也是研究生物进化、古生物与古气候的重要材料，有“活化石”之称。稍有变化的是生活的环境从原来的浅海移居到200～400米的深海中。白天在水下，晚间浮出水面。

鹦鹉螺的气室是一间一间形成的，最外边的一间是最新的、最大的。到目前为止最多的有38间。鹦鹉螺壳的构造不仅美丽而且坚固，能够承受很大的压力。

鹦鹉螺的口周围和头的两侧，长有90只触手，其中有两只合在一起变得很肥厚，肉体缩进壳后，就用它盖住壳口以保护自己。捕食时触手全部展开，休息时触手都缩回壳里，只留一两个进行警戒。它还有一个会喷水的漏斗，是由两片肌肉合成的。一般头足类动物如章鱼等均没有外壳，而鹦鹉螺却长有一个外形线条流畅带有美丽斑纹的外壳。它上浮或下沉时依靠壳内数个气室的充、放气来调节，所以说鹦鹉螺的结构设计是自然界最奇妙的设计。一般的软体动物只有两个腮，而鹦鹉螺却有四个腮。壳薄而轻，呈螺旋形盘卷，但只有在纵切之后才明显。壳内隔成许多气室，彼此由中空的管子串联。壳两侧对称，壳口大，无脐孔。壳表白色或乳白色，从脐部辐射出红色曲折纹，但并没有伸展至体层最宽大处。

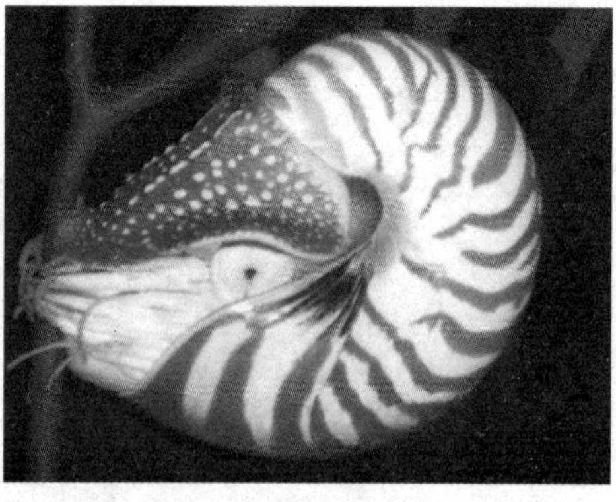

鹦鹉螺有许多环纹

鹦鹉螺气室上有许多环纹称为生长线。同一个时代的鹦鹉螺化石，其生长线数目是一样的，但是，这些生长线数目随年代的不同而变化。研究化石的鹦鹉螺，从远古到现在，生长线数目越来越多。据研究，生长线的数目与当时月亮绕地球一周所需要的天数是一致的。远古时期，月亮距离地球近，绕地球一周的天数少，所以生长线的数目少。现在的鹦鹉螺的生长线有30条，正好与现在月亮绕地球一圈所用的时间一致。鹦鹉螺壳记录了月亮与地球的旋转的关系，所以鹦鹉螺有“海底天文学家”的美誉。

鹦鹉螺记录着月亮与地球旋转关系

知识点

头足类动物

头足类动物是软体动物门头足纲所有种类的统称，包括具有外部壳体的鹦鹉螺类、菊石类、杆石等非正式分类群和壳体位于软体内部的剑鞘亚纲的分子（如箭石、章鱼、乌贼等）。头足纲内亚纲级的分类意见尚未统一。海生，从浅海到大洋皆有分布，生存于寒武纪芙蓉世至现代。

文昌鱼

在距今三四亿年期间，地球发生了巨大的变化，海面缩小，陆地广泛出现，气候变得干燥炎热。这个时期，水族里也发生了非常重要的事件。文昌鱼就生活在那一时期的水域里。

文昌鱼虽然没有明显的头，但如果拿到一条文昌鱼，呈斜切形的一边便是它的前端，人们又称它为头部。在其前端的周围有很多触须，这是用来寻找食物的。

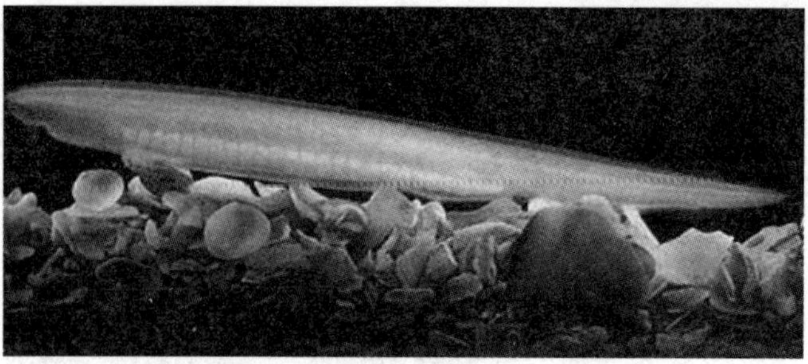

文昌鱼

奇特的是，文昌鱼要求生活在有较松沙砾的浅海里，而沙中最好混有少量的贝壳碎片和棘皮动物的碎骨片，以便于它钻动和呼吸。若是沙里混有泥土就不能生存。它还要求海水酸碱度要适宜，酸度稍高一点也会死亡。太冷太热和风浪大的地方，它也无法生活。

文昌鱼无头、无脊椎骨、无偶鳍、无鳞片，连眼睛、耳朵、鼻子等感觉器官也通通没有，是比普通鱼类更低一等的动物。它的身躯柔软，而且是半透明的。一条脊索从头到尾作为身躯的主轴，它平时总是把身躯插在沙中，仅露出一个“头部”来呼吸和吞吃非常细小的浮游生物。它没有胸鳍和腹鳍，因此，它经常扭转身躯，摆动尾巴，在水中作射出般的游泳，游动的姿态很像小泥鳅。它有时躺在沙上，一旦受惊，迅即钻入沙里，十分“胆小怕事”。

文昌鱼的繁殖能力不强，寿命也较短。因此，它就显得特别珍贵。文昌鱼之所以珍贵，还因为它是从无脊椎动物进化到脊椎动物的桥梁，是动物进化史的活化石，对于人们研究整个脊椎动物的由来、原始鱼类的由来，提供了活的标本。

文昌鱼的身躯柔软，半透明

文昌鱼并不是真正的鱼，它没有脊椎骨，只有一条纵贯全身的脊索作为支撑身体的支柱，这条支柱代表了脊椎的先驱。在它以后发展起来的动物，像鱼啊、鸟啊、兽啊，以致于人都是脊椎动物。这些脊椎动物的器官和机能千差万别，但脊椎的构造基本相同。

在文昌鱼的基础上进化、发展出现了鱼类。鱼，有了一根真正支撑身体的大梁——脊梁骨（脊柱），埋藏在脊柱背面有一条柔软的脊髓和向前膨大所进化形成的脑。这新形成的高度发达的神经中枢，使动物空前的聪明了起来。鱼，有了鳍和尾巴，全身成为流线型，可以到处游来游去。它们成了当时地球上最高等的动物。它们的子子孙孙很快占据了全部江河湖海。在这以后的5000万年，可以叫做鱼的时代。

大约3亿多年前，气候温暖，有些地区，由于植物腐烂，水中缺氧，不适宜鱼类谋生。在发生干旱的时候，有成千上万的鱼活活死去。文昌鱼也没能逃脱这样的命运，消失了！

泰雷尔—邓氏鱼

在4亿年前的茫茫海洋中，生活着一种面目凶恶的大鱼，它的体型虽称不上巨无霸，但强壮的双颌、坚硬的牙齿却足以让它在大海中所向披靡。

科学家经研究发现，这种名为泰雷尔—邓氏鱼的远古鱼是迄今发现的撕咬力最强的生物，一口就能把一条鲨鱼撕成两半。

邓氏鱼的长相很特别，它头上包裹着坚硬无比的甲片，颌骨强壮，上下颌各有一排令人毛骨悚然的刀刃状锯齿，张开的大嘴就像桌子那么大，吃东西时下颌不动，上颌向上抬起，然后向下切割，像铡刀一样。

邓氏鱼的牙齿

邓氏鱼上下颌合闭的力量之大，可以说世界上绝无仅有。如今称霸海洋的鲨鱼在邓氏鱼强大的咬合力前也不堪一击。

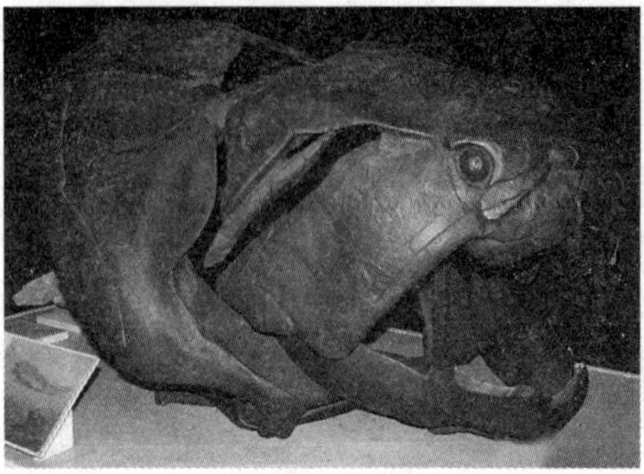

邓氏鱼的化石

邓氏鱼用力一咬，鲨鱼会随之断成两截。

别看鲨鱼是现在海洋生物的霸王，但在邓氏鱼还活着的时候，鲨鱼非但不是邓氏鱼的对手，还是它的捕食对象。

科学家发现，正是在邓氏鱼及类似生物灭绝后，鲨鱼才开始进一步进化，体型变得更大，种类变得繁多。

邓氏鱼不仅咬合力惊人，吸力也巨大。

邓氏鱼能在一眨眼的时间内张开大嘴，用强大吸力把猎物吸进胃部。巨大吸力和强劲咬合力同集一身，使邓氏鱼成为罕见生物。

吸力大，咬合力猛，这让邓氏鱼吃起鱼来讲究不多。

邓氏鱼捕杀复原图

邓氏鱼复原图

科学家说，邓氏鱼不仅吃硬壳的菊石，其他有甲鱼类，还捕食体积比它的嘴大得多的生物。有人认为，它甚至连同类也不放过。

不过，尽管邓氏鱼称雄一时，但它最终却被比自己体型小的鱼类取代了。

因为它长得非常笨重，属于海洋中的“老爷车”一族，这种臃肿的身材就限制了它的速度和灵活性。虽有一身蛮力却无法自如发挥，最后战胜它的可能就是它的手下败将——鲨鱼。

一代海洋霸主：奇虾

在一望无垠的大江大湖中，生长着一个非常奇特的大家族，它们就是虾。由于它们都长着坚硬的外壳和细长的触须，因此被称为“海洋里的昆虫”。虾的细长触须很长，一般都是身体的两倍，用来感知周围的水体情况。它胸部强大的肌肉，有利于长途洄游；腹部的尾扇可用来控制身体的平衡，也可以反弹后退。

奇虾就是虾中的一员。它是一种已经灭绝了的大型无脊椎动物，化石表明这种动物的体长可能超过 2 米。奇虾最初是在加拿大发现的，当时只发现一只前爪的化石，被误认为是虾的尾巴。科学家还想象了一个虾头，由于它不是虾，所以命名为奇虾。1994 年，中国科学家在帽天山发现完整的奇虾化石，纠正了从前的错误，所谓的“尾巴”其实是它的爪子。

科学家在奇虾粪便化石中发现了小型带壳动物的残体，这说明它是寒武纪海洋中的食肉动物，是海洋世界的统治者和食物最终的消费者。奇虾的发现表明，当时海洋确实存在着完整的食物链。新的研究发现，奇虾的捕食肢能弯曲，腿能在海底行走，但是它的附肢没有分化，节之间还缺少关节。

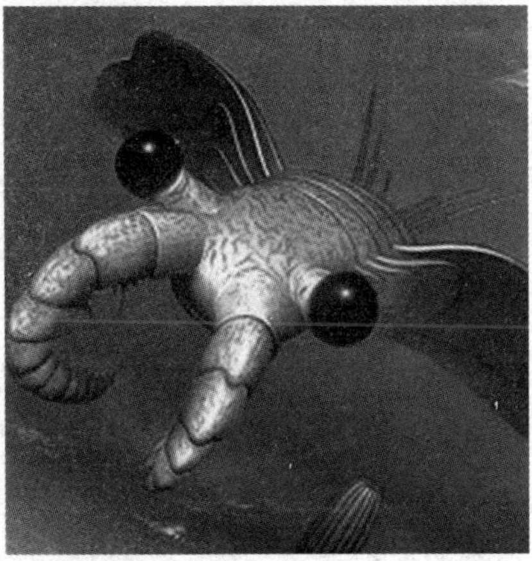
奇　虾

它有一对带柄的大眼球，一对分节的用于快速捕捉猎物的巨型前肢，美丽的大尾扇和一对长长的尾叉。它虽然不善于行走，但却能快速地游泳。它的巨口可掠食当时任何大型的生物，口中有

奇虾的样子很特别

环状排列的外齿，对那些有矿化外甲保护的动物构成了重大威胁。这是一种攻击能力很强的食肉动物，是当时最大的虾。

奇虾的食谱可能包括其他的食肉动物。它那么大的身体，那么大的嘴巴，还有那样一对大的捕捉器官，可以捕食当时最大的活物，绝对不会只吃处于食物链最低位置的生物。因它爪太粗，抓取微小食物反而不是那么容易。

没有人会认为，在当时的海洋中，奇虾不是“适者”。它可以称得上是海洋中的“巨无霸”，处在食物链的顶端，能够轻而易举地猎获足够的食物，却没有其他生物可以威胁它的生存。但是，就像在陆地上曾经占统治地位的恐龙一样，奇虾也早已绝灭了。究竟它是在什么时候，因为什么永远从地球上消失的？这是又一个没有解开的谜。

海蜇与海星

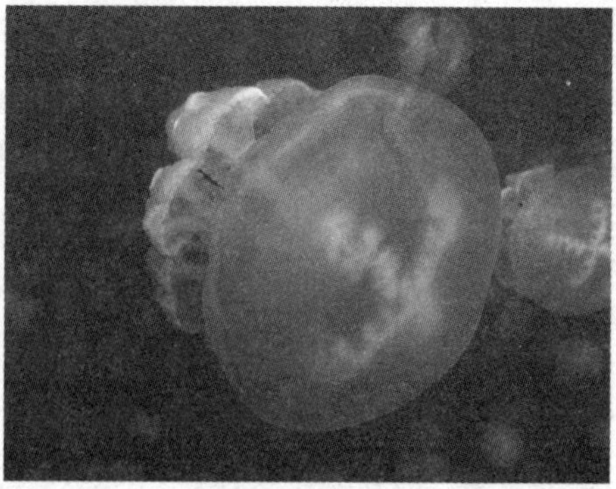

海　蜇

在幽蓝的深海中，飘荡着一个个像降落伞一样的生物，它们就是海蜇。海蜇是个游侠，在大海里四处游动，随波逐流。

海蜇的身体分为伞部和口腕两部分，伞部呈现青白色或蓝色，晶莹剔透。口腕部洁白无瑕。乍一看，海蜇的外貌秀丽多姿，在水中就好像轻歌曼舞的美丽少女。不过，千万不要被海蜇那漂亮的外表所吸引，如果有多情的鱼儿接近它，立即就会被它扼杀。

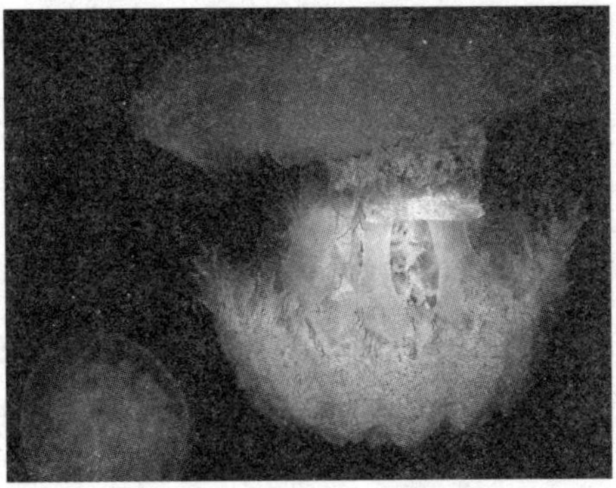
海蜇的外貌秀丽多姿

原来，海蜇的口腕部长有八枚口腕，口腕上还有许许多多的刺细胞，刺细胞上长有刺细囊，里面长有一盘细长的管状细丝。在刺细胞的外面，还有两个刺针，当小鱼游到它附近时，不小心就会碰到海蜇的刺针。这时候，细丝就会从刺细胞里发出来，射进小鱼的体内。同时，它还释放出含有麻醉和腐蚀作用的毒液，小鱼便顿时失去知觉。这时，海蜇就紧紧地抱住这个被吸引的小家伙，津津有味地吃进肚里。

与之有异曲同工之妙的还有美丽的海星。

海星是海底世界的美人。它身披色彩很鲜艳的外衣，天蓝色的底子上，点缀着红色、黄色的图案。它伸出五只长腕，悠然地在水中漫行，像是一个打扮得花枝招展的姑娘。倘若遇到行动迟缓的贝类，它就温柔地躬下腰肢，用五只腕足紧紧地拥抱贝类，显得十分多情。

海　星

若你以为海星的确是一个温柔多情的美人，那你可就错了。美丽往往意味着诱惑与阴谋。海星的“拥抱”不过是一种假象——它会利用拥抱的机会吃掉贝类。

当它离开时，被拥抱的贝类已经变成了一只空壳。原来，海星的腹部有一个口腕，方才拥抱的时候，只不过是它借机享受美餐的障眼法。

海星的多情拥抱不过是一种残忍的谋略，但偏偏就有一些缺乏判断力和意志薄弱的小鱼心甘情愿地自投罗网，最后被残忍地杀掉。

知识点

海蜇的毒性

海蜇毒液蜇伤人体后可造成程度不同的损伤，如海黄蜂水母，刺丝可分泌类眼镜蛇毒，对人类危害最大，蜇伤后 5 分钟即可致人死亡。僧帽水母蜇伤人体后，患者多日才能消除伤痛。

海蜇毒素在刺丝囊内贮存和分布，1 克刺丝囊含有 5500 万个单刺丝囊。动物试验证实，海蜇毒素对哺乳动物的心脏传导系统，对甲壳动物的心脏均有损害作用，并可致鼠类小肠平滑肌收缩。人被海蜇蜇伤后因毒性大小和毒素多少以及个体敏感程度不同而症状各异。

无颌类的孑遗：七鳃鳗

在杰恩卡勒教授带领下的罗马大学科研人员，正在意大利中部亚平宁山脉的狭窄河谷里研究一种奇特的动物。河水清澈冰冷，科研人员毫不畏惧。他们研究的这种奇特动物，名叫七鳃鳗。

七鳃鳗

七鳃鳗样子很像一般的鳗鱼，身体细长，表皮裸露，没用鳞，背上有一条长长的背鳍，向后一直延伸到尾端并环绕尾部形成尾鳍。除此之外它的身上再也没有其他的鳍存在。七鳃鳗只有一个鼻孔，位

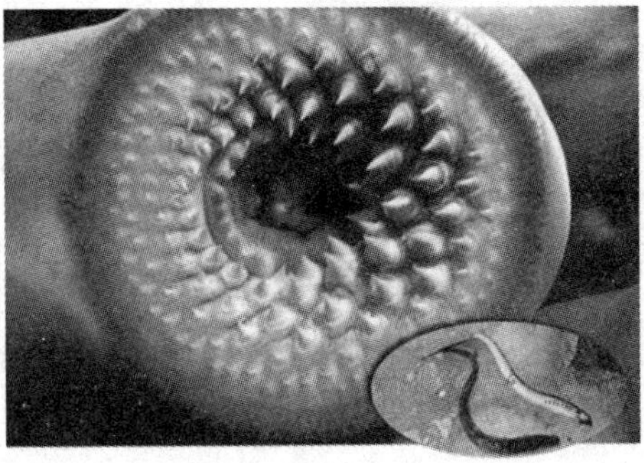
七鳃鳗的嘴很奇特

于头顶两眼之间。它的眼睛后面身体两侧各有 7 个鳃孔，这就是它叫做“七鳃鳗”的原因。

七鳃鳗的嘴形很奇特，圆圆的像吸盘一样，里面长满了锋利的牙齿，但是并没有颌的构造。七鳃鳗在其个体发育的早期阶段生活在河流或湖泊的底层水域中，用它的吸盘一样的嘴吸食细小的动物。当它发育完全之后，生活方式则转变成寄生生活，用吸盘状的嘴吸附在其他鱼类的身体上，再用它那锉刀一样的锋利牙齿从宿主身上锉开一个窟窿，然后钻进宿主体内吸食血液。有时，七鳃鳗在宿主尚未死亡之前就放弃了它并另寻新的受害者；也有的时候，七鳃鳗会一直寄生在这条鱼体内直到它血枯身亡为止。

实际上，七鳃鳗是地球上某种最早期的脊椎动物——无颌类的一种极度特化了的孑遗，它们的特性表现在许多方面。例如，它们没有骨质的骨骼或骨甲，这显然是为适应寄生生活使骨骼退化的结果。不过，我们还是可以从七鳃鳗那十分原始的一般特征上对最早期的无颌类脊椎动物的状态豹窥一斑。

七鳃鳗还有一个近亲叫做盲鳗，后者退化得连眼睛都没有了。它们都是没有颌构造的脊椎动物，属于无颌纲，与地球上最早出现的那些无颌类脊椎动物非常相近。通过七鳃鳗，我们大致可以想象出 5 亿多年前的那些古老脊椎动物的样子和生活状态。

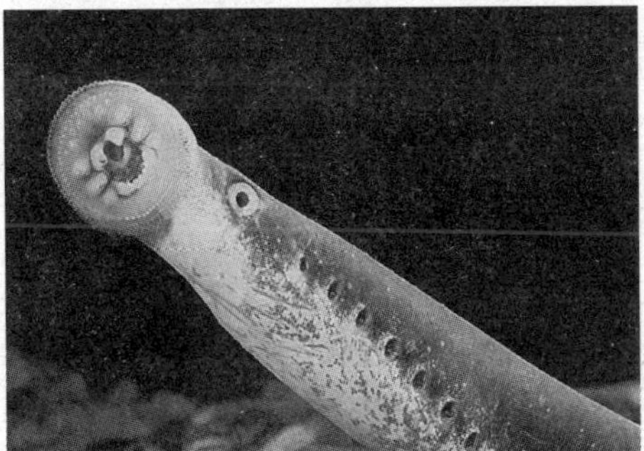
七鳃鳗是早期无颌类孑遗

七鳃鳗的寿命大约只有 7 年的时间。为了研究七鳃鳗，科研人员捉了一些繁殖期的七鳃鳗，给它们注射了一种十分特殊的无毒色素。在这一过程中，他们已经了解到这种物种是完全没有攻击性的。

这些被作上标记的七鳃鳗又被放回了原处。不过，它们似乎并不介意这个，随随便便就跑到别的巢穴去繁殖了。

通过这些研究，工作人员不但知道了七鳃鳗是没有领域的，而且还了解了它们的自然寿命。不幸的是，随着环境污染水平的提高，七鳃鳗的数量正在急剧减少，这种宝贵的活化石也已加入了濒危物种的行列。

知识点

鳗　鱼

鳗鱼是指属于鳗鲡目分类下的物种总称。又称鳝，是一种外观类似长条蛇形的鱼类，具有鱼的基本特征。此外鳗鱼与鲑鱼类似具有洄游特性。鳗鱼属鱼类，似蛇，但无鳞，一般产于咸淡水交界海域。

菊　石

一听到“菊石”这个名称，你一定会以为这是一种石头。它真的是石头吗？如果不是，那是什么东西呢？

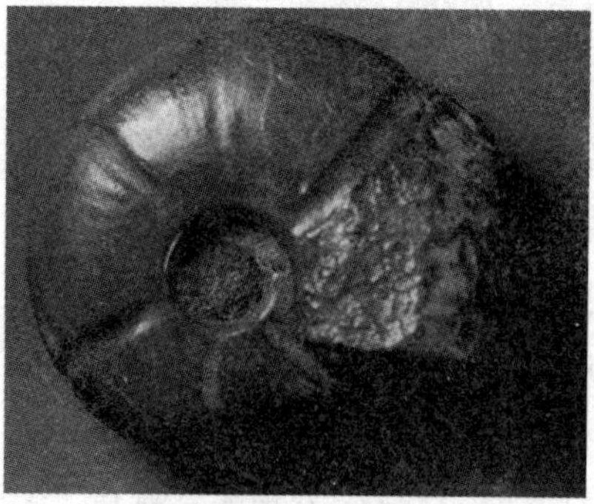

比看起来更古老的菊石

在海底世界里，有一种能利用身体里分泌出来的石灰质来建造居所的动物。因为它们的身体柔软，所以被动物学家称为软体动物。菊石就是其中最古老的一种软体动物。

公元88年，罗马博物学家普力尼第一个在著作中提到菊石，他把菊石称作“阿蒙神的角”。

阿蒙神原来是埃及的风神和空气神，后来被尊为“第一创造神”。它呈人形，头戴皮王冠，上面插着两根长羽毛，手里持着一根权杖，有时也以公羊和鹅的形象出现。在埃及诸神中占有显赫的地位，被称为“国神”。阿蒙神头上长着的螺旋形角，与菊石的盘绕状外壳惊人地相似。

菊石化石

公元前2000年的千禧年后，古埃及突然兴起了一阵崇拜阿蒙神的热潮，而阿蒙神的代表符号，便是有两只弯角的白羊。因而普力尼将菊石视为圣石，认为它有唤起预示未来的梦幻的魔力。

菊石最早出现在距今约4亿年前，因而，它比恐龙的出现还要早1.7亿年。

菊石是由鹦鹉螺演化而来的，属于头足类动物，运动的器官在头部。它身体外有一个硬壳——这是它自己建造的蜗居，与鹦鹉螺的形状非常相似。在头足类的进化过程中，除鹦鹉螺外，其他的种属已不再背负着一个沉甸甸的硬壳，而是轻装前进。按照鹦鹉螺的运动方式推断，菊石也是一种游速不快、运动连贯性很差的动物。

白垩纪时期的菊石化石

菊石贝壳的形状多种多样，有三角形的、锥形的和旋转形的，其中以旋转形的壳最多。菊石的壳也分前、后、背、腹；开口的一方为前方，原壳处为后方。旋环的外部为腹，与腹部相对应的面为背。

科学家认为，菊石的外壳中含有气体。这些气体的密度可以通过变化来控制菊石的浮力——确保直立且不会在高压下破裂。与现在的鹦鹉螺相似，菊石可能是依靠喷气推动来移动身体并迅速逃离危险的。菊石外壳呈典型的盘旋状，体管将血液从壳的尖端压到住室内。住室中生活着长有触角的软体部分。

中国西藏的珠穆朗玛峰地区，由于在2亿多年前，古喜马拉雅海由于造山运动，地壳上升，海底变成了高山，在那里发现了大量的菊石化石。

18世纪前，人类似乎还没有意识到菊石的科学价值，那时人们认为地球只存在了几千年。18世纪后，随着现代地质概念的形成，菊石的重要性突显出来。在科学家看来，它的价值甚至远远超过了恐龙。

菊石和恐龙同时在侏罗纪和白垩纪大量繁衍，但随着恐龙逐渐消失并在6500万年前最终灭绝，菊石也难逃劫数，继而从这个世界上奇迹般消失。

腔肠动物代表：珊瑚虫

在茫茫大海中，小小的珊瑚虫要营造一座珊瑚大楼，提供给海里的小鱼安家栖身。这个宏伟规划马上得到所有珊瑚虫的响应。他们捐献自己的遗体，用自己坚硬的石灰质骨骼聚沙成塔，垒起了一座壮丽的大厦——这就是大海里的珊瑚礁。

珊瑚虫也叫珊瑚，是生活在热带海洋里的一种小动物，它们过着大家庭的生活，能分泌出角质或石灰质的骨骼。千千万万个珊瑚虫不断地分泌出石灰质，当它们死后，骨骼就堆积起来，形成了色彩绚丽的珊瑚或珊瑚礁，把海底世界建造成了一个美丽的大花园，因此被人们称为“海底公园的建造师”。

美丽的珊瑚

珊瑚长得像个胖乎乎的小口袋，口袋顶部有口，口的周围长满了带有绒毛的触手，触手上的刺细胞能反射出有毒的刺丝。

珊瑚以浮游动物为食

尽管珊瑚是动物，但它们却是不动的静物。珊瑚生在哪里，就待在哪里；上一代怎么生活，下一代也怎么生活。珊瑚作为一种不会移动的动物是怎样觅食的呢？

珊瑚主要以海洋中的浮游动物为食，它的那些触手伸向四面八方，触手上生着很多有毒的刺细胞和粘液，每当水流把浮游动物带到它面前时，这些触手就迅速把浮游动物粘住，刺细胞放出毒液把“俘虏”麻醉，然后送入消化腔消化吸收。

另外，珊瑚并不是一种单纯的食肉动物，在珊瑚的“肝里”生活着一种单细胞藻类——虫黄藻。这种单细胞植物也是珊瑚重要的营养源，它把自身制造合成有机物（如淀粉、脂肪体等）排出体外并被珊瑚吸收。虫黄藻是一种借助于显微镜才能观察到的单细胞藻类，它生活在珊瑚内胚层的细胞内，与珊瑚过着和睦相处的生活。虫黄藻还是珊瑚呼吸所需氧气的输送者呢！同时，这些虫黄藻能使珊瑚呈现出五彩缤纷的色泽，珊瑚也因此被称为“海洋玉树”。

珊瑚的触手有毒液

珊瑚是一种非常娇气的海洋动物，它对生活条件有很高的要求呢！珊瑚生存的水温不能低于18℃，不能高于36℃；水质要清澈透明，以保证光照充足。

珊瑚是海洋中不可缺少的生物，珊瑚礁能有效阻止海水侵袭海岸，并为许多海洋生物提供优良的生存环境。

古老的鲨鱼种族

鲨鱼，被一些人认为是海洋中最凶猛的动物。不过，鲸鲨却是温文尔雅的，它以小型海洋生物为食物，和须鲸差不多。由于食物具有某种相似性，经过漫长的生物演化，它们长得和须鲸很有相似点。于是“鲸鲨”的名字就理所当然了。当然，鲸鲨是现存鲨鱼中最大的，也是已知鱼类中最大的。

鲨　鱼

鲨鱼是至今尚存最古老的动物之一。它们的祖先出现在14亿年前的海洋中。作为海洋食物链中最重要的组成部分，鲨鱼在维护海洋生态环境中发挥了很大的作用，而当今人们对鲨鱼鱼翅情有独钟，视其为美味佳肴，极富营养。而令人担忧的是，大肆捕杀已经对海洋环境造成了严重影响。

鲨鱼靠嗅觉寻找食物

鲨鱼的种类很多，但不是所有的鲨鱼都能伤害人类，只有少部分个头大的鲨鱼能伤害人。鲨鱼的嗅觉十分灵敏，主要靠嗅觉寻找食物，所以，它们能在除北冰洋以外的所有大洋里安家。鲸鲨是最大的鲨鱼，但是它们不吃肉，而是吃海洋中的浮游生物。一般的鲨鱼则吃鱼类、章鱼、贝类，有的鲨鱼甚至会把个头小的鲨鱼当成食物。

鲨鱼是海中游泳高手

大白鲨是一种人类绝不会认错的鲨鱼。身体呈巨大的纺锤体，鳃裂也是巨大的，鼻子又尖又长。它们的呈钩状的第一背鳍非常宽大，远远大于第二背鳍，胸鳍较大和尾鳍一样为新月形。背部颜色均匀为灰色或者为棕灰色，在背部与白色的腹部之间有明显的界线，大白鲨也是游泳好手。它们什么都吃，包括鲸鱼。这种鲨鱼的危险程度就可想而知了吧！

鲨鱼身体坚硬，肌肉发达，不同程度的呈纺锤形。口鼻部分因种类而异，有尖的，如灰鲭鲨和大白鲨；也有大而圆的，例如虎纹鲨和宽虎纹鲨的头呈扁平状。垂直向上的尾，大致呈新月形，大部分种类的尾鳍上部远远大于下部。

鲨游泳时主要是靠身体像蛇一样的运动并配合尾鳍像橹一样的摆动向前推进。稳定和控制主要是运用多少有些垂直的背鳍和水平调度的胸鳍。鲨鱼多数不能倒退，因此它很容易陷入像刺网这样的障碍中，而且一陷入就难以自拔。鲨鱼没有鳔，所以这类动物的比重主要由肝脏储藏的油脂量来确定。

鲨　鱼

鲨鱼密度比水稍大，也就是说，如果它们不积极游动，就会沉到海底。它们游得很快，但只能在短时间内保持高速。

鲨鱼每侧有鳃裂，不像我们平常从集市买来的鲤鱼，有一对鳃盖护着鱼鳃。在游动时海水通过半开的口吸入，从鳃裂流出进行气体交换。张着口游泳的鲨鱼的确看起来很可怕，可是你能不让人家呼吸吗？少数鲨鱼种类能停在海底进行呼吸。

在某种意义上讲鲨鱼全身是牙，其体表覆盖的盾鳞构造和牙齿相近，可以称得上皮肤牙齿。鲨鱼的牙齿有几百颗，可以移动，因此鲨鱼不用担心牙齿不够用，因而具有很大的攻击力。

知识点

鳃

鳃是鱼的呼吸系统，在头部两侧，分别有两块很大的鳃盖，鳃盖里面的空腔叫鳃腔。掀起鳃盖，可以看见在咽喉两侧各有四个鳃，每个鳃又分成两排鳃片，每排鳃片由许多鳃丝排列组成，每根鳃丝的两侧又生出许多细小的鳃小片。鱼在水中时，每个鳃片、鳃丝、鳃小片都完全张开，使鳃和水的接触面积扩大，增加摄取水中所溶解的氧的机会。

刺胞门动物：海葵与水母

海　葵

在海底的岩石上，生长着一种四季盛开的“海菊花”，它就是海葵。其实海葵是一种动物，它色彩艳丽，长着许多细长的触手。当触手在水中不停地摆动的时候，就像随风拂动的花瓣。

海葵有许多细长触手

海葵看上去好似一朵无害的柔弱的鲜花，但实际上却是一种靠摄取水中的动物为生的食肉动物。它的呈放射状的两排细长的触手伸展开来，在消化腔上

美丽鲜艳的海葵

方摆动不止就像一朵朵盛开的花，非常的美丽，向那些好奇心盛的游鱼频频招手。虽然不能主动出击获取猎物，但是当它的触手一旦受到刺激，哪怕是轻轻的一掠，它都能毫不留情地捉住到手的牺牲品。海葵的触手长满了倒刺，这种倒刺能够刺穿猎物的肉体。它的体壁与触手均具有刺丝胞，那是一种特殊的有毒器官，会分泌一种毒液，用来麻痹其他动物以自卫或摄食。看来，海葵鲜艳动人的触手对小鱼来说，其实是一种可怕的美丽陷阱。海葵所分泌的毒液，对人类伤害不大，如果我们不小心摸到它们的触手，就会受到拍击而有刺痛或瘙痒的感觉。假如把它们采回去煮熟吃下，会产生呕吐、发烧、腹痛等中毒现象。因此，海葵既摸不得也吃不得。

有的海葵还喜欢被寄居蟹驮着到处走，这样海葵可以吃到更多的东西，而它们有毒的触手又可以吓跑寄居蟹的敌人。有趣的是，当寄居蟹长大了，旧壳装不下它，须要另换新壳时，寄居蟹一定要把它原来的搭档也移到新家上去。

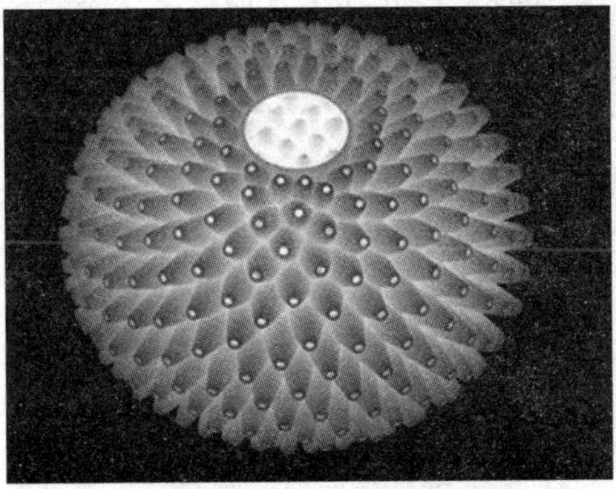

海　葵

海葵遇到敌人时，会收缩身体，把触手全部缩进体内。要想海葵恢复原状，就需要再等待几个小时。这样，进攻者常常就会失去耐心，很不情愿地离开了。海葵是不是很聪明呢？

海葵有毒，所以很多鱼类都不敢靠近它。可是，有一种不起眼的小鱼——小丑鱼却敢生活在它身边。

海葵的触手有毒

小丑鱼在海葵中进进出出，一遇到危险就会立即躲进海葵里。当然，它们也会负起清洁打扫的责任，为“房东”海葵及时除去泥土、寄生虫和其他杂物。

海葵虽然能和其他动物和平相处，但也时常为附着地盘、争夺食物与自己的同类进行争斗，常常出现一方把另一方体表上的疣突扫平或把触手拔光的争斗场面。

最近，科学家还发现海葵是寿命大大超过海龟、珊瑚等寿命达数百年的物种，是世界上寿命最长的海洋动物。科学家发现，它们有的年龄竟超过2100岁。它们可真算得上是老寿星了！

水　母

你见过会跳舞的“伞”吗？

水　母

在蔚蓝色的大海里就生活着一种会跳舞的“伞”——水母。水母的整个身体就像一顶透明的圆伞，“伞”下面还长着一些细长的触手。触手有的很长，相当于一条大鲸的长度。当水母在水里游动的时候，细长的触手跟着美丽的圆“伞”一起飘动，好像是在翩翩起舞，姿态优美极了。

水母的体形庞大，不过，它的游泳技术却是超人的。水母的上半身是一团可以任意伸缩的胶状体，水母游动时先张开伞部将水吸入，然后收缩伞部肌肉，再将水喷出。它就是依靠水的反作用力来前进的。

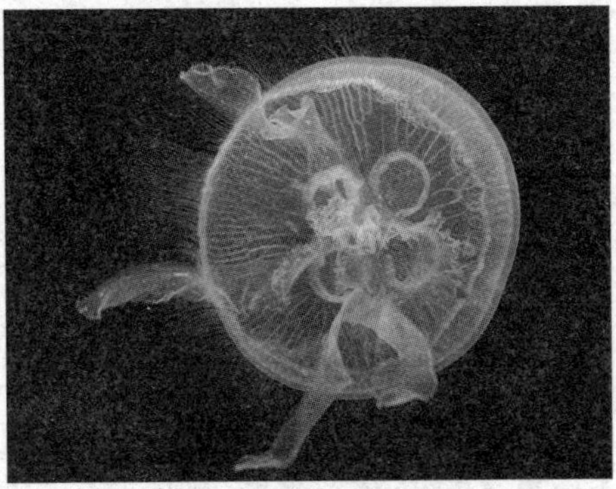
水母在水里非常美丽

水母总是漂浮在海面上，因此它会受风向、风力和海洋流的支配。水母的听力超群，长在“伞”缘处的特殊的“耳朵”能听到风浪引起的次声波，使水母在风浪到来之前就悄悄地隐藏在水下，以免被风暴激起的巨浪击碎。

别看水母在水里非常美丽、自在，可是没有水它就无法生存。水母身体含水量达98%，它进食、消化、排泄都必须在水中才能完成。没有水，水母的身体就会变小和变得很难看。

水母虽然长得很美丽，但它的性情却非常凶猛。它的触手上隐藏着极为秘密的武器——刺细胞，像粘在触手上的一颗颗小豆。刺细胞能够射出有毒的液体，当遇到“敌人”或猎物时，就会射出毒丝，把“敌人”吓跑或将其毒死。在全球最毒的10种动物排名中，一种生活在澳大利亚的箱水母名列第一。这种箱水母的触手一旦碰到人体的任何部位，都会让人在30分钟内就死亡。

别看水母这样凶狠，但它也有自己的好朋友，那就是小牧鱼。小牧鱼身材很小，但它可以随意游弋在水母的触须之间，却一点儿也不害怕。遇到大鱼游来，小牧鱼就游到巨伞下的触手中间去，将其当做一个安全的“避难所”，利用水母刺细胞的装置，巧妙地躲过了敌害的进攻。有时，小牧鱼甚至还能将大鱼引诱到水母的狩猎范围内使其丧命，这样还可以吃到水母吃剩的零渣碎片。

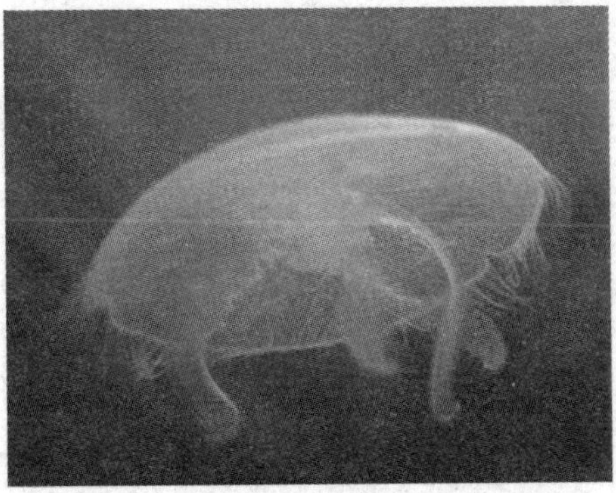
水　母

那么水母触手上的刺细胞为什么不伤害小牧鱼呢？这是因为小牧鱼行动灵活，能够巧妙地避开毒丝，不易受到伤害，只是偶然也有不慎死于毒丝下的。水母和小牧鱼共生一起，相互为用，水母“保护”了小牧鱼，而小牧鱼又吞掉了水母身上栖息的小生物。

会跳舞的“伞”

威猛而致命的水母也有天敌。一种海龟就可以在水母的群体中自由穿梭，并且能轻而易举地用嘴扯断它们的触手，使它们只能上下翻滚，最后失去抵抗能力，成为海龟的一顿“美餐”。

水母虽然是低等的腔肠动物，却三代同堂，令人羡慕。水母生出小水母，小水母虽能独立生存，但亲子之间似乎感情深厚，不忍分离，因此小水母都依附在大水母身体上。不久之后，小水母生出孙子辈的水母，依然紧密联系在一起。

水中的节肢动物：螃蟹

螃蟹虽然种类繁多，但都是8条腿的横行将军，被称为“横行将军”，这在动物类群中是独一无二的。

螃　蟹

螃蟹的种类繁多，按照生态分类，可以分走蟹、游泳蟹、穴居蟹隐蔽蟹及共生蟹。每一种螃蟹都有自己的特点。无论是哪一种蟹，走起路来都是横行霸道，十分嚣张。如果按人类社会中的礼仪标准衡量，

螃蟹被称为“横行将军”

大多数螃蟹相遇时的行为应该说是极不友好的。它们通常彼此威胁，直到一方退却。如双方各不相让，就可能引发战斗；失败者可能会断腿、断胳膊，甚至送命。当然，螃蟹中也有“团结互助”的行为。但是，不管竞争还是合作，螃蟹的这些行为都是长期适应不同生活环境的结果。

群体生活的螃蟹倾向于互相竞争。当两只螃蟹爬到一定距离时，一方或双方就会停止运动。如果继续动作，就会引起一场“遭遇战”。不同的螃蟹允许伙伴靠近的距离是不相同的；就是同一只螃蟹在不同的时刻，要求也不同。

一般来说，这是由螃蟹的活动规律、生活中的经验以及对方所给刺激的强弱决定的。在休息期，螃蟹的脾气较好，允许伙伴靠得近些；在活动期，螃蟹的脾气比较坏，对对方的靠近较为敏感；住得拥挤的螃蟹习惯于让对方靠得更近些；住得宽松的螃蟹就不允许对方靠得很近了。

不过，最重要的是对方靠近的方式。在大多数情况下，两只螃蟹接近到了一定距离时，身小体弱的螃蟹会主动退缩。如果双方势均力敌，各不相让，那么，就开始使用威胁信号互相恐吓。大多数螃蟹是用它们的螯足来表示自己的信号。两指稍张指向前下方表示初步警告；而当螯足尽力张开时，则

招潮蟹

是最后的通牒了。还有的种类是用螯足敲地示警。

一般通过威胁信号及前进、后退运动，双方就能决出胜负。如果双方僵持不下，那就只有短兵相接了。不同螃蟹斗殴的方式各不相同。有的用螯足相推挤，有的用螯扭夹，还有的用螯尖敲击。它们就是通过这种争斗、较量取得各自的“社会地位”的。“社会地位”高的螃蟹，走路时通常踮起足尖，抬起身体，趾高气扬，完全是不可一世的姿态。与此相反，级别低的螃蟹行动时，往往尽力收拢螯足，匍匐前进，一旦遇到进攻，立即主动退却。

螃蟹虽然脾气不好，但它们的确够“酷”。

在我国沿海的沙滩上有一种海蟹，它的两只大螯中有一只特别粗壮，而且呈火红色。当潮水退下以后，它总是爬出洞穴面向大海，将大螯不断地挥动，好像在召唤潮水的到来，为此人们给它取名为招潮蟹。它们体内有一种特殊的海洋生物钟。

海滩上的螃蟹

招潮蟹是生活在潮间带的一种海洋生物，其生活与潮汐密切相关。通常，它在落潮期间出来活动，四处觅食；潮水一来，它就进洞栖息起来，还用土块、石头或那只大螯把洞口挡住。令人吃惊的是，不论它正在从事什么活动，它都会在潮水到来之前 10 分钟停止活动，迅速返回老巢，安全地躲进自己的洞穴。而且，它还能根据昼夜的变化改变自己的体色。白天变黑，晚上变浅，天亮时又变深。正如潮汐涨落的时间每天都往后推迟 5 分钟一样，招潮蟹的体色变得最深的时间每天也往后推迟 5 分钟。

海蟹主要生活在浅海中，蟹的第一对足就像两把大钳子，既是它的捕食工具，又是御敌武器。

当小鱼或其他动物游过身旁时，它就用强大的螯足突然将其捉住，捕而食之。有时，它也吃一些海藻的嫩芽。在海滨，螃蟹扮演着重要角色。它的食物大多为小动物的陈尸腐肉、粪便，是名副其实的海滩“清洁工”。

知识点

螃蟹横着走的原因

螃蟹是依靠地磁场来判断方向的。在地球形成以后的漫长岁月中，地磁南北极已发生多次倒转。地磁极的倒转使许多生物无所适从，甚至造成灭绝。螃蟹是一种古老的回游性动物，它的内耳有定向小磁体，对地磁非常敏感。由于地磁场的倒转，使螃蟹体内的小磁体失去了原来的定向作用。为了使自己在地磁场倒转中生存下来，螃蟹干脆不前进，也不后退，而是横着走。

最小的脊椎动物：海马

如果在海洋动物家族中望“名”生义的话，一定会闹出许多笑话来，因为有一些海洋动物是“名不副实”的，海马就是其中一例。海马不是马，而是一种生活在水中的动物。之所以称它为海马，只不过它有一个与马相似的头而已。

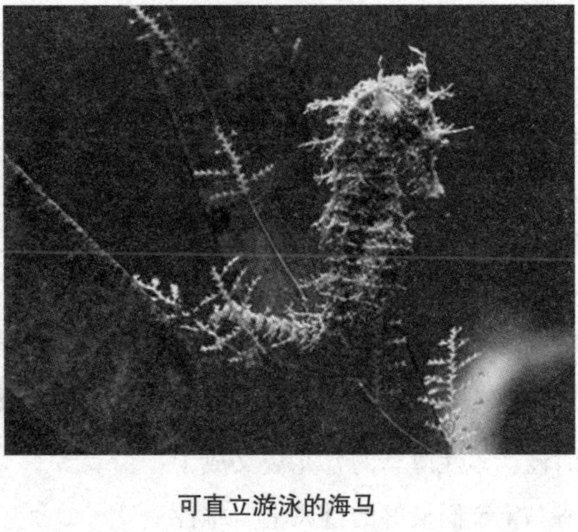

可直立游泳的海马

鱼类在游泳时，总是头朝前尾朝后的，但是海马却是将身子垂直在水中，头朝上尾在下作直立游泳的。这是因为海马的尾巴又细又长，而且容易卷起来，这样它就可以用尾巴钩住海草，并借助鳍的力量站在水中了。这多少给海马带来

海马的防御本领非常强

一些不便，以至于影响了它们的捕食能力，但这种海马的“忍功”可谓好生了得，它们就算是几个月不吃东西也不会饿死。

海马的行动非常缓慢，为了躲避敌人，它绝不轻易暴露自己的身份。海马生活在藻类丰富的海湾中，它的体色能随环境色的变化而变化，保护色和拟态使它们看起来像海草，从而躲避猎食者的捕获。

虽然从外表上看海马显得那么脆弱，但是它们的防御本领却非常强。因为海马全身覆盖着一层坚硬的骨板，就像是一名铁甲战士，足以防御饥饿的敌人。再加上它“巧妙的变身”，可以使它的生命安稳地躲过敌人的追捕。

在繁殖后代的责任面前，海马家族显得与众不同，这个“重担”落在了雄性海马的身上。这听起来简直让人不可思议。这是因为，雄性海马的腹部有一个类似雌性袋鼠的育儿袋，袋壁中布满大量血管，可以为“胎儿”供应足够的营养。

短鼻海马

在每年谷雨过后，雄性海马的育儿袋逐渐变厚变大，雌性海马就将成熟的卵一粒一粒地产在雄性海马的育儿袋中，直到盛满为止。与此同时，海马爸爸也排出精子，使卵在育儿袋中受精。

当幼小的小海马遇到危险的时候，雄性海马的育儿袋又成了海马宝宝们最好的避风港。雄性海马把自己一生的有限时间和有限能量都用在了小海马的生存上，这种牺牲自我、保存后代的父爱在海马身上表现得十分突出。

色彩斑斓的热带鱼

蝴蝶鱼

这是一种生活在热带海洋中珊瑚礁里的鱼类，它们体色鲜艳，像披了件漂亮的外衣。就像生活在陆地上的蝴蝶一样，有着缤纷的色彩和美丽的图案，这就是蝴蝶鱼。

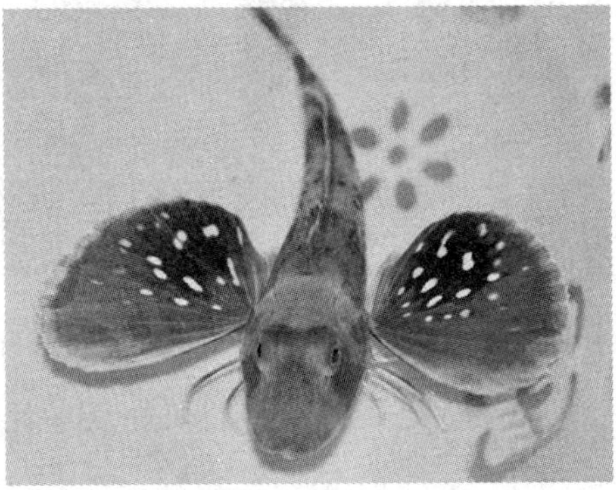

蝴蝶鱼有一身美丽的图案

蝴蝶鱼对水温的要求很高，俗称热带鱼，是近海暖水性小型珊瑚礁鱼类，最大的超过30厘米，如细纹蝴蝶鱼。

身体侧扁的蝴蝶鱼是适宜在珊瑚丛中来回穿梭的，它们能迅速而敏捷地消逝在珊瑚枝或岩石缝隙里。它们也会利用自己吻长口小的长处，伸进珊瑚洞穴里去捕捉对于它们来说的美食——无脊椎动物。

古代蝴蝶鱼

蝴蝶鱼生活在五光十色的珊瑚礁礁盘中，具有一系列适应环境的本领。它艳丽的体色可随周围环境的改变而改变。体色的改变主要在于体表有大量色素细胞，在神经系统的控制下展开或收缩，从而呈现出不同的色彩。通常，一尾蝴蝶鱼改变一次体色所需要的时间只有几分钟。尤其当它们遇到紧急的情况时，变色仅需几秒钟。

蝴蝶鱼有非常巧妙的伪装本领

许多蝴蝶鱼都有着非常巧妙的伪装本领，它们常把自己真正的眼睛藏在穿过头部的黑色条纹之中，许多蝴蝶鱼的尾柄部有一个醒目的黑色“伪眼”。

“伪眼”常使捕食者误认为是其头部而受到迷惑。当敌害向“伪眼”袭击时，蝴蝶鱼便剑鳍疾摆，逃之夭夭。

蝴蝶鱼是一夫一妻制，对爱情忠贞专一，大部分都成双入对，好似陆生鸳鸯，它们成双成对在珊瑚礁中游弋、戏耍。当一尾进行摄食时，另一尾就在其周围警戒，总是形影不离。

石斑鱼

石斑鱼喜栖息在温带和热带海洋里，以及沿岸岛屿附近的岩礁、沙砾、珊瑚礁底质的海区。石斑鱼生活习性很怪，从不跟其他鱼类混游在一起，喜欢单独地生活在数十米深、水质清澈的海底暗礁丛中。栖息水层随水温变化而升降，是一种肉食性凶猛鱼类，经常以突袭方式捕食底栖甲壳类、各种小型鱼类和头足类。

石斑鱼

石斑鱼为雄雌同体，具有性转换特征，首次性成熟时全系雌性，次年再转换成雄性，

石斑鱼随环境变化而变色

因此，雄性明显于雌性。这也是它的一大特点，很奇怪吧！

自然界里的许多动物都会根据周围环境的变化改变自身色彩，人类称之为保护色。有些鱼也会根据环境的变化来进行乔装打扮。

生活在热带海洋中的石斑鱼，能随着周围环境底色的变化，在极短的时间内变化出6种不同的颜色。它可以很快地从黑色变为白色，黄色变为绯红色，红色变为淡绿色或深褐色等，不断地变换自身的颜色，它身上的点、斑纹、带和线还能忽暗忽明，变化多端。

在海洋里，有一种叫做纳苏的石斑鱼，它可以呈现出8种不同的色泽和形态。石斑鱼的变色也是对环境刺激的一种反应。它是为了适应环境，隐蔽自己，躲避一场即将到来的灾难。由感觉器官所感受到的刺激引起的神经冲动传至脑，促使脑部神经做出相应的反应信息，身体里的色素细胞根据得到的信息可以分泌出适量的色素。刺激程度的不同，造成分泌色素种类与量的不同，从而显示出不同的体色变化。

在喧闹的大海中，生活着各种各样的鱼类，有的呈金黄色，有的呈红色，有的呈淡蓝色，构成了一个绚丽多彩、色彩纷呈的鱼类世界。生活在水域中上层的鱼类，它们身体的背部呈灰黑色，腹部呈银白色。在深水处生活的鱼类，大多为黑色、紫色，避免鲜明的色彩招来麻烦。生活在澄清水域中的玻璃鱼全身透明，连五脏都可以看见。生活在岩礁洞的鱼类，它们的体色变幻无穷、美

石斑鱼善于乔装打扮

不胜收。

为什么鱼儿会有各种各样的颜色？这主要与它们的生活环境有关。一般说来，生活在水域上层的鱼类，腹部是银白色的，背部呈灰色或者黑色。这一水层的环境恶劣多变，鱼类时常会遇到一些海鸟的袭击和同类间捕食者的竞争。从上往下看，灰黑色跟水底的颜色相似，这样就可以隐身，避免受到意外的袭击；从水下往上看，白色的鱼肚子跟天空的颜色相近，又可以迷惑水下凶猛鱼类，免遭灾难。

鱼类的各种乔装打扮，都有利于它们适应不同的生活环境。鱼一生中随时都在跟恶劣的环境作斗争。生存下来的鱼类之所以没有被淘汰，一代代繁衍到今天，与它们的保护色外衣有很大关系。善于乔装打扮的鱼正是对“适者生存”法则的运用。

神奇的大自然孕育了万物，也必然会给它们一个适合自己的空间，至于生命中遇到的各种事变，则需要自己根据周围的环境进行自我“调节”了。

射水鱼

在印度洋到太平洋一带的热带沿海，有一种生活在碱性河流中的小鱼，也是一种中小型的观赏鱼类。它们身体侧扁，嘴比较大，可以伸缩。下颌突出，眼睛也非常大，在头的前半部。它们身体颜色搭配非常美丽，身体呈橄榄绿色，有几条粗的石青色条纹横在背部，尾部淡黄色，非常的漂亮。这种鱼虽然个子不大，可是却有很大的本领，就是能把水从口里射出去，这种鱼就是射水鱼。

射水鱼

射水鱼的口腔上边有一条小沟，当射水鱼用长舌头顶住这条小沟时，小沟就变成了一个“高压水枪”。要射击时，射水鱼就把水吸进去，两腮用劲一挤，吸进去的水就会顺口快速喷出。

射水鱼也是观赏鱼类

众所周知，大部分捕食昆虫的鱼，只吃水中的昆虫，对于停留在岸边和掠过水面的陆生昆虫是不闻不问的，而有“神射手”之称的射水鱼却自有一套捕食昆虫的高超技巧。它可以用喷射出的水，去击中停在伸出水面、长在岸边的草木上的小虫子，还可以射击在水面上低空飞动的昆虫。射水鱼喷射的水柱可达1米射程，而且几乎百发百中。这种特别的习性，在水族世界中是绝无仅有的。

这是一条在水中摆动着尾巴朝前游动的射水鱼。迎面游过来一只小虫子，射水鱼把嘴一张，把小虫子吸进了肚子中。然后，它竖起身子往上游，贴到了水面，一双小眼睛透过波纹起伏的水面，观察着水面以上空中的情况。看来，刚才那一只小虫子，肯定还没有填饱它的肚子，所以它还想找些别的东西吃。

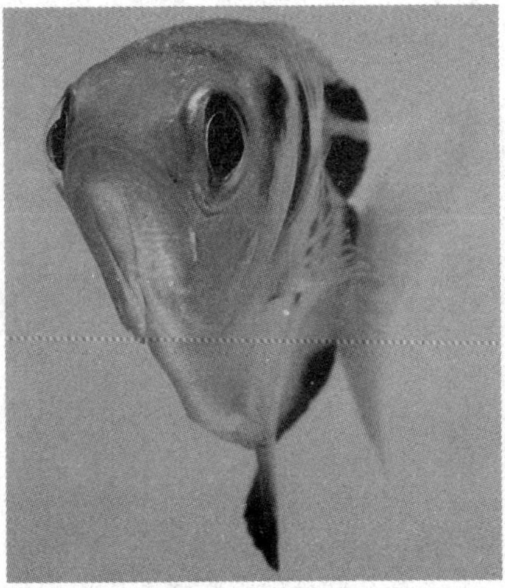

射水鱼善捕食小飞虫

真是想什么来什么，正巧，一只不要命的大花蚊子“嗡嗡”地叫着，从岸边的树林中飞了出来。不知道它刚刚从哪个倒霉的动物身上盯过，此刻，它的肚子鼓鼓的，一定吸了不少血。大概是吃得太饱了，落在一棵小草上歇息。而那棵小草的下面，射水鱼正抬起头、尾朝下，把嘴瞄准了大花蚊歇脚的那片草叶。

几秒钟后，只见一条细细的水柱急速喷出水面，直朝那蚊子停留的地方冲过去。那只蚊子本来稳稳当当地停在草叶上，没防备会挨上这一“枪”，它那薄薄的翅膀被冲破了好些口子，站不住也飞不了，一个跟头翻到了水里。早已在水中张嘴等候的射水鱼，就这么轻易地就把它给吃掉了。

看来就算自己吃饱了也不要掉以轻心，还要防止成为别人的美食。

丰富多彩的海洋动物

飞　鱼

神奇的大自然把鱼儿的家安在了水中，没有给它安上双脚，它便不能在陆地上行走；没有给它一双翅膀，它也不能在天空中自由地飞翔。但是，鱼类凭借自己顽强的适应能力，在漫长进化过程中，却可以在陆地上“行走”，也可以在天空中飞翔。

在浩瀚无垠的太平洋水面上，是飞鱼经常飞翔的空间。它们当然也可以在水里自由地生活，游泳快速而灵活。它可以从水中跃出，可以在离开水面4~5米的高度飞行几十米。在它们高兴的时候，会翱翔竞飞，此起彼伏，景象非常壮观。

飞　鱼

飞鱼之所以会飞，当然是因为它长有“翅膀”，不过它不同于鸟类的翅膀，它的翅膀是一对宽大的胸鳍。飞鱼胸鳍特别发达，但是，胸鳍基部没有像鸟类那样的运动肌肉，更没有胸大肌，所以飞鱼的“翅膀”是不能振动飞翔的。它只能是展开胸鳍，靠风力产生的浮力作用滑翔。当它要回到海洋中时，先是用尾鳍的下叶着水，然后收拢胸鳍，使身体急速下降，最后沉没于海中。

飞鱼飞出水面是为了避敌

飞鱼是生活在海洋上层的鱼类，是各种凶狠鱼类争相捕食的对象。飞鱼跃出水面飞翔，多数情况下是为了逃避海里敌人的进攻，或是由于海船靠近，因马达的轰鸣受惊吓而跃出水面。一般情况下，飞鱼并不轻易跃出水面，只有在环境十分凶险时才飞出水面避敌。它的飞翔技能与海鸟相比相差甚远，所以也很容易被空中飞行的海鸟所捕获。

由于飞鱼借着海面吹来的海风进行滑翔飞行，因此它的飞行方向和距离都受到限制。如果风力大就飞得远，如果风力较小，那飞行的时间就很短了，而且飞翔时很容易失控，有时甚至会发生“事故”，落到海岛上以后不能再回到大海，或撞在石礁上身亡。

飞鱼是靠风力飞行

另外，飞鱼还具有趋光性。因为飞鱼的眼睛白天比较敏锐，而在晚间却是盲目地完全靠风力飞行。夜晚轮船在航行时，那些散发的光亮会使飞鱼“自投罗网”，它们会自动地飞到轮船的甲板上，而这个特点也成了它致命的弱点。

鮟鱇鱼

鮟鱇鱼

在海洋的深处，是感觉不到昼夜变化的，因为阳光不能透过深深的海水照到这儿，所以这里始终是“黑夜”笼罩。处在这深海之中，就像是置身在墨水中一样。

然而，黑暗的深海世界并不是生命的禁区，仍然有不少的动物在这里生存，这里同样存在着生存竞争。

在海底深处，一些微弱的光亮若隐若现。这黑漆漆的深海世界中，怎么会有星星点点的微弱亮点呢？有的亮点基本固定不动，有的亮点在作小幅度的摇晃，有的亮点则四处游动。原来这是一些海洋鱼类发出的光线。可它们为什么要发光呢？

原来，有的鱼发光是在向同伴打“信号灯”，以便于确定彼此的位置；有的鱼发光，则是利用一些鱼虾的趋光性，实行诱捕。

鮟鱇鱼又叫“灯笼鱼”

这是一条有点怪模怪样的鱼。一张嘴大大的，那背上的鳍更是与众不同：一般的鱼背鳍是连在一起的，可它的背鳍前面的几根鳍条却是彼此分开的，特别是最前面的一根，又细又长，一直伸到大嘴边，真像一根“鱼竿”。更让人感到新鲜的，是那“鱼竿”的末端，放出淡黄色的荧光，一闪一闪的，极像一只小小的“灯笼”。这就是鮟鱇鱼，也叫“灯笼鱼”。

这鱼笨“手”笨“脚”的，根本抓不到那些游动迅速的鱼虾。不过，笨“鱼”自有笨办法，看看它的“高招”。

这条鮟鱇鱼把自己埋进了海底的沙子中，只留带“灯笼”的“鱼竿”露在外面，还不断地摇晃着。几条小鱼小虾见到那晃动的小亮点，以为是什么好吃的东西，纷纷游拢过来。一条鱼为了抢先，不顾一切冲上去要吃掉那小亮点。

鮟鱇鱼的灯笼是捕食的诱饵

时机到了，鮟鱇鱼忽然张开大嘴，一股水流直往它嘴中涌，那“鱼竿”也被它猛然吸进了嘴中。小鱼身不由己，就这样被吃掉了。这次“垂钓”结束后，鮟鱇鱼又将身子埋进沙子里，重新开始等新的猎物来上“钩”。

鮟鱇鱼还能自己“关灯”。当遇到不喜欢吃的食物，或遇上敌害，它就把“钓竿”一收，把探照灯含在大嘴里，周围顿时便是漆黑一片了。

鮟鱇鱼是欺软怕硬的，当它遇到一些凶猛的鱼类时，就不敢和它们正面交锋了。它会迅速地把自己发光的“钓竿”塞回嘴里，趁着黑暗转身就逃。

雄性鮟鱇鱼是海洋动物里最懒惰的丈夫。它一旦找到合适的对象，就此“许配终身”——将牙齿深深地扎入“妻子”的身体，并依附在“妻子”身上，终身随着雌鱼一起漂泊、生息。它依靠直接吸取“妻子”的体液维持自己的生命，成为“好吃懒做”的丈夫。这种奇异的婚配，在生物中或许是绝无仅有的。

大马哈鱼

说起“大马哈鱼”，会很容易联想到“马大哈”。大马哈鱼可不是马大哈，不会像小马虎这样，就连回家的路都忘记了。正好相反，它们就是远

大马哈鱼

隔千里万里，也要想方设法回到家乡。

大马哈鱼的家乡在太平洋的北部，那儿一年中差不多有半年都很冷，大马哈鱼就在那儿出生。由于河水常常是冰凉冰凉的，可以吃的东西就少了，大马哈鱼为了填饱肚子，年纪小小的就开始了“流浪”生活。它们顺着河流，一直来到大海中。大海中可以吃的东西真是多极了，大马哈鱼一个劲地吃，身体也一天天长大，原来的“小宝宝”也要做爸爸、妈妈了。

大马哈鱼有超强记忆力

把孩子生在哪儿呢？对，应该让孩子在家乡出生。于是要做妈妈的大马哈鱼成群结队，一起又从海洋，行程几千千米，往曾经的出生地方向游去。

大马哈鱼能跃过四五米高的险滩

大马哈鱼有特别坚强的意志和超强的记忆力，非常善于逆流抢渡。当它们逆江而上的时候，遇到急流险滩或瀑布，竟能跃起四五米高，从容跨过，然后继续前进，直到找到自己的出生地为止。这是一般鱼类不可企及的。

在海洋中，有一股股巨大的海流，它们凭着巨大的力量强迫大马哈鱼朝着离家更远的地方游；路途中，还会有一个个飞快转动的漩涡，就像一只只魔鬼的手，要把所有从旁边经过的东西都抓过来塞到海水中，不让这些东西跑掉。大马哈鱼靠着勇敢和机智，闯出了海流，摆脱了漩涡，坚定地朝着家乡前进。一天又一天过去了，老家越来越近。突然，前面出现了一条瀑布，拦住了大马哈鱼回老家的去路。这瀑布，就像是河流中的一级“楼梯”。远远望去，飞奔的河水从这“楼梯”的顶上直落下来。在大马哈鱼看来，就像是从天上突然泼下来的一桶水。河水一离开“楼梯”顶，就劈头盖脸地朝“楼梯”底下砸去，发出打雷一样吓人的声音，激起的水花，飞得很高很高。不知道大马哈鱼能不能上得了这级“楼梯”？

产卵的大马哈鱼

再看大马哈鱼，在离瀑布还有长长一段距离时，就开始急剧摆动尾巴，加快了前进的速度。水流飞快地擦过它们的身体，瀑布在它们眼里越来越大、越来越高。在就要撞上那“楼梯”时，它们突然猛地跃出水面，带着水珠在空中划出一条弧线。有的鱼跳上了“楼梯”，有的没有。没有跳过去的，又往回游，重新冲刺、跳跃。如果第二次又失败了，会再跳第三次……直到成功为止。

舟　鰤

生活在大海中的舟鰤也叫鰤鱼，它是个很聪明的家伙，虽然身长只有 20 厘米，却偏爱吃肉。在茫茫大海中，舟鰤的力量实在是太微弱了，根本难以活命，但它却凭着自身的乖巧和善于钻营，愉快的生活着。

鲨鱼是大海中的霸王，它身体强壮，牙齿锋利，在其他鱼面前作威作福。

舟鰤看到鲨鱼的这些超人本领，就投靠到鲨鱼的门下，甘当一个名副其

狡猾的舟鰤

实的食客。

当鲨鱼出游的时候，舟鰤就凭借自己身材的小巧，追随左右，狐假虎威。因为舟鰤的身体太小，还不够塞鲨鱼的牙缝，所以鲨鱼不想吃它。它们跟在鲨鱼的附近，如果发现有其他鱼类，就马上躲在鲨鱼的后面，为鲨鱼提供信息。鲨鱼接到舟鰤的情报以后，就立即向那些鱼类进攻。当鲨鱼撕咬住一条鱼时，舟鰤就在它的周围游来游去，吞食撕咬吃剩下的残渣，以此来喂饱自己的肚皮。

狡猾的舟鰤对“借刀杀人”运用得得心应手。舟鰤很清楚自己的实力，根本无力捕食，更不用说格斗厮杀了。可是它生性口馋，只得为了得到肉类而去投靠鲨鱼，并充当鲨鱼的“马前卒”，为鲨鱼通风报信，以便得到鲨鱼吃剩的碎肉。

从水生到陆地

CONG SHUISHENG DAO LUDI

动物界的进化经历了一个由水生到陆生的过程，两栖动物是见证这一过程的一个类群。科学家们把它们划为一个纲——两栖纲。两栖动物已经初步适应了陆地生活，比如：它们可以在陆地上用肺和皮肤呼吸，它们多数都有了善于爬行的四肢，它们可以在陆地上找东西吃……但是它们还有两件事离不开水，那就是受精和幼体发育。

对于两栖动物许多人有一种错误的观点，他们认为："只要是可以在陆地上生活又可以在水里生活的动物就是两栖动物"。但事实上，两栖动物的受精和幼体发育都是在水里完成，而且幼体的呼吸器官是鳃，经过发育和变态后长成成体，成体在陆地上生活，他们的呼吸器官也变成了肺。只有符合这些特征的脊椎动物才是真正的两栖动物。

我们现在知道的现存的两栖动物大约有4200多种。依据它们特征我们又把它们划分为3个目，分别是：蛙形目，如像蛙、蟾蜍、树蛙；蝾螈目，如蝾螈、娃娃鱼；还有蚓螈目，没有四肢，如环管蚓。

两栖动物之祖：总鳍鱼

大约3亿年前，陆地上一片荒凉，海洋里却热闹得很。生命从海洋里孕育出来，又在海洋里蓬勃生长，如火如荼，好不兴旺。海底像个大花园，各种各样的珊瑚，有的如同一棵小树，有的像盛开的花朵，有的长成一个花坛模样，红黄蓝白，拼成各式图案。海百合腰肢袅娜，随着海水摇摆；各类水藻，粗大茁壮，像蛇一样漂动着。看见那鹦鹉螺了吗？叫做直角石的像一个个蛋卷冰淇淋，只是细长些；叫做弓角石的像牛角，只是小得多。它们的圆口上都长了很多触角，像是大胡子，好不滑稽。这个世界的主角是鱼类。当时已有很多种鱼。它们自由自在地游，和现代的鱼一样活泼快活。

其中有一种身体修长，游得很快的鱼，就是总鳍鱼。总鳍鱼有两对肉质鳍，可以支持身体，在海底爬行。看它们在浩渺的碧波间游得多畅快！

经科学家的考证，鱼和两栖动物是有联系的，他们在动物化石中发现，总鳍鱼的化石和古代两栖动物很相似，总鳍鱼的头已经可以转动了，四肢也慢慢长出来了，这一切好像完全适应了陆地上的生活。例如，必须在水中产卵、孵化，幼体在水中生活且用鳃呼吸，经慢慢变化，长出四肢后才能在陆地上生活并用肺呼吸。

既然总鳍鱼是两栖动物的祖先，那么总鳍鱼是怎样进化为两栖动物的呢？

总鳍鱼

水陆变迁，生活环境的变化，在总鳍鱼演变为两栖类的过程中，起着不可磨灭的作用。由于环境的改变，有一大批对环境适应能力差的就会不断死去；另外一些使自己不断适应环境，逐渐建立了适应陆上生活的形态结构，用鳃呼吸变成了用肺呼吸，胸鳍和腹鳍也就变成了四肢，最终演变成了两栖动物。

总鳍鱼类的最早代表是泥盆纪中期的骨鳞鱼。从它身上，实际上已经可以多多少少地看出一些早期两栖类动物的“苗头”了。

骨鳞鱼的头骨和上下颌完全是硬骨质的，而且许多骨块的成分、位置和形状都与早期的两栖类相似。骨鳞鱼的牙齿是“迷齿型”的。也就是说，在显微镜下观察它的牙齿横切面时，可以发现釉质层褶皱得很厉害，形成的图案就像迷宫似的。有意思的是，早期的陆生两栖动物的牙齿也是这种迷齿型的。

总鳍鱼是两栖动物的祖先

最有意义的是骨鳞鱼偶鳍内部的骨骼结构，不仅不像肺鱼那样特化，反而其中各个骨块的结构、位置和形状，甚至骨块之间的关节都与早期的两栖动物非常相似了。

矛尾鱼是总鳍鱼类中至今还生存的惟一鱼类。在过去的50万年里，人们一直认为这种鱼已经灭绝了。直到1938年和1952年，先后在非洲东南海岸发现并捕获到这一物种。它们一般体积很大，体内骨骼的排列近似陆生脊椎动物的肢骨，尾鳍中间叶状突出呈矛状，所以称矛尾鱼。它口内有齿，是食肉性动物。目前它是研究鱼类进化史的极其珍贵的标本。

知识点

泥盆纪

泥盆纪是晚古生代的第一个纪，从距今4亿年前开始，延续了4000万年之久。泥盆纪时许多地区升起，露出海面成为陆地，古地理面貌与早古生代相比有很大的变化。在泥盆纪里蕨类植物繁盛，昆虫和两栖类兴起。脊椎动物进入飞跃发展时期，鱼形动物数量和种类增多，现代鱼类——硬骨鱼开始发展。泥盆纪常被称为“鱼类时代”。

幸存的爬行动物：扬子鳄

两亿年前，地球是爬行动物的天下。但由于环境的变化，恐龙等爬行动物灭绝了，而扬子鳄却一直延续到今天，它是一种珍稀动物。

扬子鳄的基本体形，长得像条超大的蜥蜴。它的嘴巴特别长，里面长着几排锋利的牙齿。背部呈暗褐色，有的也呈深青色，腹部是灰色的。皮肤上覆盖着许多大鳞片。扬子鳄还有一个比较特别的地方：它的四肢粗壮，尾巴特别长，其长度超过头和身体的总和。

因为扬子鳄的外貌非常像“龙”，所以俗称“土龙”或“猪婆龙”。20 世纪 70 年代，它被携出国门，云游欧洲，名扬世界。

鳄类与庞然大物恐龙在中生代曾繁盛一时，独霸天下。可是经历了 7000 万年的生物大绝灭时期以后，骄横一世的恐龙遭到了灭顶之灾，而扬子鳄却成了残存下来的少数爬行动物之一。为什么扬子鳄能神奇般地生存下来呢？

扬子鳄

有人把扬子鳄称为鳄鱼，把它看做是鱼一类的水生动物。其实扬子鳄没有鳃，也不是水生动物，只不过扬子鳄又回到水中，形成了一些适应水中生活的特点，具有水陆两栖的本领而已。这样，扬子鳄就扩大了生活的领域，它们容易在生存斗争中成为优胜者。

扬子鳄喜欢栖息在湖泊、

扬子鳄俗称“土龙”

沼泽的滩地或丘陵山洞长满乱草蓬蒿的潮湿地带。它具有高超的挖洞打穴的本领，头、尾和锐利的趾爪都是它的打洞打穴工具。俗话说“狡兔三窟”，而扬子鳄的洞穴还超过三窟。它的洞穴常有几个洞口，有的在岸边滩地芦苇、竹林丛生之处，有的在池沼底部，地面上有出入口、通气口，而且还有适应各种水位高度的侧洞口。洞穴内曲径通幽、纵横交错，恰似一座地下迷宫。也许正是这种地下迷宫帮助它们渡过了严寒的大冰期和寒冷的冬天，同时也帮助它们逃避了敌害而幸存下来。

扬子鳄喜静，白天常隐居在洞穴中，夜间外出觅食。不过它有时也在白天出来活动，尤其是喜欢在洞穴附近的岸边、沙滩上晒太阳。它常紧闭双眼，爬伏不动，处于半睡眠状态，给人们以行动迟钝的假象。可是，当它一旦遇到敌害或发现食物时，就会立即将粗大的尾巴用力左右甩动，迅速沉入水底逃避敌害或追逐食物。

扬子鳄的食量很大，能把吸收的营养物质大量地贮存在体内，因而它就有很强的耐饥能力，可以度过漫长的冬眠期，因此扬子鳄可长时间不吃东西。传说，它在吃掉别的动物之后，还会为自己吃掉的动物流下悲伤的眼泪。如果有人在场，它甚至还会不停地哭泣和哀号。其实不然，鳄鱼是没有同情心的，它也不会流眼泪，它流的不是眼泪，而是盐分。

现在，由于长江中下游湿地遭严重的破坏，造成扬子鳄的野生数量极为罕见。

扬子鳄是地球上不可缺少的物种，在它身上可以找到恐龙等爬行动物的许多特征，被称为“活化石”。千万别让它像恐龙一样，成为只有在博物馆里才能看到的化石。

古老的象龟

象 龟

在非洲大陆以东，碧波浩瀚的印度洋西部，有一片美丽的岛屿，这就是塞舌尔群岛。传说这里曾是亚当和夏娃居住过的地方，故有“伊甸乐园”的美称。塞舌尔兀立于碧波粼粼的海面上，岛上奇花荟萃，林木葱郁，因此又被人们喻为“高悬的空中花园”。

由于塞舌尔群岛远离大陆，所以许多珍奇的植物和动物还保持着本地的特色。塞舌尔群岛在200年前曾是象龟的天堂，众多的象龟自由地在海边栖息和繁殖。

在法国人占领毛里求斯的1766年，一只象龟作为吉祥物被送到了毛里求斯的法国军队司令部。赠送者为了纪念探险家马里恩，便命名为马里恩象龟。

龟可是出了名的慢性子！它们不仅走路一步三摇，就连进化的过程也比其他动物要慢得多。它们在地球上已经生活了两亿多年，和早已灭绝的恐龙是同时代的，可直到今天，它的身体结构也没发生什么大的变化，考古学家都叫它们“活化石”。

塞舌尔群岛是象龟的天堂

象龟有一副坚硬的甲壳，动不动就把四肢、尾巴都缩在壳里一动不动。它还很能睡懒觉，有的既要冬眠，又要夏眠，一年竟然睡10个月。

别看象龟的性子慢，可寿命却很长，很多都能活到100岁。因为它们

象龟又叫马里恩象龟

身体里的细胞可以繁殖很多代，而且心脏的机能也很强。可见，“长寿将军”绝非是浪得虚名啊！

尽管塞舌尔的许多岛屿还保持着原始的状态，成为珍异动植物的庇护所。然而塞舌尔象龟却在19世纪初灭绝。

最初对象龟进行疯狂杀戮的是18世纪来自欧洲的航海者，他们长期航行在海上，食物来源非常有限，于是总寻找可以着陆的岛屿来补充营养和体力。当他们来到非洲塞舌尔群岛，看到数不胜数的象龟，便尝试着以它来作为食品。开始时他们把大量的象龟宰杀后，把象龟肉用盐腌渍起来备用。后来他们发现象龟在绝食的情况下能活几个月，便不再生宰后腌渍，而是捕捉大量活象龟储备在船上，随时食用，以品尝到新鲜龟肉。

经过长年的捕杀，塞舌尔群岛的象龟越来越稀少。等到18世纪末，在塞舌尔及印度洋的其他岛屿上几乎难见象龟的踪迹。

1810年，英国人从法国人手上夺得了毛里求斯，惟一存活的一只象龟——马里恩象龟也成了英国人的战利品。

巨大的象龟

1914年，德国和英国为了重新瓜分世界、争夺世界霸权，挑起了第一次世界大战。战火燃遍了欧洲大陆，延及非洲和亚洲，波及当时世界人口的3/4，给全世界人民带来巨大的灾难，但马里恩象龟作为一个物种被保护起来。然而在第一次世界大战行将结束的1918年，英国的一个士兵因手枪走火，马里恩象龟被无情的子弹击中，结束了生命。

典型的两栖动物：娃娃鱼

据说20世纪90年代以前，在湖南张家界这个地方，一到盛夏的夜晚，伴随着泉水的淙淙流淌声，人们常能听到山间传来婴儿般的啼哭，这就是娃娃鱼那独特的叫声，娃娃鱼的名字也是由此而来的。

娃娃鱼的长相确实很特别，它的身体扁平，有一个大大的扁圆脑袋，上面嵌着一对小眼睛和一个小鼻子，嘴巴也很大，身后还拖着一条长长的大尾巴。它全身光溜溜的，没有鱼身上的那种鳞片，四条腿又短又胖，脚趾就像婴儿胖乎乎的小手一样。体色有棕色、红棕色，还有黑棕色的。

人有惰性，动物当然也有，而娃娃鱼可能称得上是懒惰者之王。白天，它就只会在自己舒适的家中酣睡；当夜幕降临时，它才静静地隐蔽在滩口乱石中，等待猎物走过它的身边，甚至还要走进它的口里，它才肯动动嘴。

娃娃鱼一般都挺懒惰的，所以它捕食的时候，就是一直等在那里。如果发现食物从它身边，或者是眼前出现的话，它就会猛然一下张开嘴巴，把那个食物逮住，然后直到那个食物不动，被它咬死以后，才把食物吞进去。

娃娃鱼

虽然娃娃鱼长了一对小眼，但它这对小眼不但无神采，还是高度近视呢！

娃娃鱼很怕光的刺激，遇到强光以后，它会去躲避它，因为它长期生活在较黑暗的地方，所以它的眼睛视力已经基本上退化了，只是对光有点敏感而已，可以说是高度近视。

设想如果给高度近视的娃娃鱼佩戴上人类的眼镜后，是不是娃娃鱼就会因此变得勤快起来呢？人们不得而知。但是这么慵懒的高度近视的娃娃鱼能生存至今，不用说肯定有它们独特的本领——它们的诀窍就是不怕挨饿。由于很少活动，娃娃鱼的新陈代谢十分缓慢。偌大的身体，每天只需吃半斤多的食物就行，而且还不用天天都吃。

娃娃鱼

娃娃鱼还有一个名字——大鲵。其实，娃娃鱼并不是鱼类，而是一种古老而原始的低等两栖动物。只因它长得像鱼，又经常生活在水里，所以人们也给它安上了鱼的名字。之所以称之为大鲵是因为它是我国 28 种两栖类有尾目动物中个体最大的一种。

娃娃鱼是从水生到陆生过渡的典型两栖动物，在生物进化史上有着划时代的意义。它就是一个环境生物指标，只要环境遭遇破坏，它的食物链中，如果一个环节断了以后，它的整个物种的生存繁衍都会受到影响，所以娃娃鱼在研究物种进化方面，有很高的科研价值。同时，娃娃鱼还有着极高的医用价值。

娃娃鱼是一个生物活化石，原来在三四亿年以前世界各地都有。由于环境的变化，气候的变迁，再加上人为地破坏，现在只中国有。

知识点

娃娃鱼的分布

在我国，娃娃鱼除新疆、西藏、内蒙古、台湾未见报道外，其余省区都有分布，主要产于长江、黄河及珠江中上游支流的山涧溪流中。我国娃娃鱼原产地自然分布主要集中在五大区域：一是湖南张家界、江永、岳阳和湘西自治州；二是湖北房县、神农架；三是陕西汉中、安康、商洛；四是贵州遵义和四川宜宾、兴文等地；五是江西靖安。

进化史的活证据：鸭嘴兽

如果你和爸爸决定到南半球旅游一次，在月光下横贯澳大利亚绝对是个好主意。在悉尼郊外你们可能会忍不住下车来流连一番，这里溪水潺潺，绿树成荫，伴着夜风在如镜的小湖边散散步，很容易感到陶醉的滋味。

鸭嘴兽

这里是东部的澳大利亚，所以，当你们正在一片溪边草地上流连忘返，也许就会看见一个嘴巴扁扁小眼睛，肚皮贴地，毛茸茸晃着胖屁屁的家伙迈着滑稽的步子走过来，摇摇晃晃穿过草丛，“扑通”一声跳进溪水里。

如果碰上这个场面，您千万不要责怪这个家伙缺乏情调，相反，建议您赶紧站起来脱帽致敬。因为这个胖屁屁的家伙，连恩格斯见了都要脱帽的。这个怪模怪样，还有点儿腼腆的家伙，就是澳洲的大熊猫，动物界的怪杰——鸭嘴兽。澳大利亚东边这块儿，连着塔斯马尼亚岛，本来就是它的家园，这种自然界独一无二的动物在这儿住了1.5亿年。

恩格斯是一位伟大的革命导师，又是一位知识渊博的自然科学家。1843年，有人告诉他，在澳洲有一种奇特的动物，叫鸭嘴兽，它们是哺乳动物，可以用卵来繁殖后代。那人还把鸭嘴兽的蛋拿给恩格斯看，恩格斯看后哈哈大笑说：“鸭嘴兽既然生蛋，就不一定是哺乳动物。”恩格斯这一回错了。原来鸭嘴兽是一种比较原始的哺乳动物，它是爬行动物进化来的，还保留着一些爬行动物的特征。它虽然下蛋，可是身上长着密密的绒毛，不是鸟类的羽毛。

不久，恩格斯认识到自己错了。他给朋友写了一封信，坦率地承认自己的错误，并说："我要向鸭嘴兽道歉，请鸭嘴兽原谅自己的傲慢和无知。"

鸭嘴兽是现存最原始的哺乳动物。它的大小和兔子差不多，体形肥扁，长着像鸭嘴似的角质喙；四肢有蹼；有耳孔，无外耳，在水中耳孔会自行关闭。后脚上有一根中空的毒距，能分泌毒液，用以攻击对手。这是哺乳动物中独一无二的特点。

鸭嘴兽生活在河川沿岸，它能用坚硬的钩状爪，像钉耙一样在河边挖掘几条洞道，并在里面筑起宽敞的窝，在窝里铺上许多干草和树叶。白天它躲在窝里蜷身大睡，一到傍晚就下水觅食。窝有水陆两个出入口：一个在水中，另一个在岸上，十分方便。岸上的洞口隐蔽得十分巧妙：如果在溪边，洞口常常被许多乱石子掩盖着；倘若在河边，那里往往杂草丛生，使人难以发觉。由于鸭嘴兽较长时间在洞穴中生活，所以眼睛较小。

鸭嘴兽是从爬行动物进化而来的

鸭嘴兽还是"游泳能手"呢！它的躯体呈扁平的椭圆形，这种体形在游泳时可减少阻力。它的腿短而强健，前后脚上都有五个趾，趾间具蹼，游泳时作"桨"用。它的尾巴扁而宽，几乎为体宽的一大半，游泳时可作"舵"用。它一身稠密的毛，在水中时间长了也不会浸湿。

鸭嘴兽捕食的时候通常会紧闭双眼，迅速潜到河水里，擦着河泥向前行进，依赖敏锐的嘴去寻找食物。大概一两分钟以后，它的面颊里瓠会装满食物。这时，鸭嘴兽就会浮出水面，睁开眼睛，贪婪地享受美味。

这种动物的胆子很小，在游荡时稍受惊吓，就立刻潜入水底。但它在水下潜行大约5分钟后，就会返回水面呼吸，因为它是兽，用肺呼吸，不像鱼儿能长久待在水中。

鸭嘴兽这样既像爬行动物又确实是以哺乳方式来养育后代的哺乳动物，在动物起源研究上具有特殊的身份，被认为是爬行类向哺乳类动物进化的过渡动物。

知识点

鸭嘴兽身上的毒素

鸭嘴兽身上带有80多种毒素，是一个毒素大杂烩，带有蛇毒、蜘蛛毒，甚至海星毒。鸭嘴兽分泌毒物是为了显示它们在交配季节中的主导地位。雄性鸭嘴兽会通过它脚掌下面的小倒钩来分泌毒素。鸭嘴兽身上只有三种它自己特有的毒素，其余毒素在其他动物身上也有发现，例如海星、海葵、蜘蛛、蛇和蜥蜴。这些毒素的不同组合，可能会引起炎症、神经损伤、肌肉收缩和血液凝固等症状。

离水不死的鱼：弹涂鱼

在热带及亚热带近岸浅水区和中国的沿海区域，生活着一种会爬树的鱼。它们栖息于底质为淤泥、泥沙的高潮区或半咸水的河口滩涂。常居穴洞，依靠胸鳍肌柄爬行跳动，退潮时在泥涂上觅食。它们在没有水的滩涂上蹦蹦跳跳，还经常爬到树上捉昆虫吃，这就是——弹涂鱼。

在沿海的滩涂上分布的一些蚕豆大小的洞穴，里面时不时探出一个个两眼高高突起的鱼脑袋，这就是弹涂鱼了。弹涂鱼的视觉非常灵敏，它的眼睛大而突出，长在头顶上，可以前后左右转动，观察周围情况。大多数的浮游动物、沙蚕、桡足类及枝角类等都会成为它们丰盛的午餐和晚餐，他们以细小的牙齿啃食泥上的硅藻，往往会在泥上留下齿痕。

鱼是不可能在树上的，离开了水，鱼是无法生存的。为何弹涂鱼离开水可以生存呢？

弹涂鱼

原来，弹涂鱼不仅有鳃，而且鳃腔很大，可以贮存大量的空气。同时，它皮肤上的血管也可以起到辅助呼吸的作用。甚至它的尾鳍也具有呼吸功能，因此，弹涂鱼可以经常把身体的大部分露出水面，而把尾鳍留在水中。但是，当它在陆地活动时，需要常常将身体紧贴在潮湿的泥地上，或者将尾巴伸进水洼中，以湿润身体，辅助呼吸。

弹涂鱼的胸鳍十分粗壮，在胸鳍基部有一肌柄，是用来在地上支撑、爬行、跳跃的器官，就像陆地动物的前肢一样，活动自如。所以，在退潮的海岸上，它的胸鳍可以当做前脚使用。

大自然造就了神奇的万物，使整个世界丰富多彩，他们在各自的领域，履行着自己的职责，享受着大自然赐予他们的各种美食。

知识点

弹涂鱼的洞穴

弹涂鱼虽然能够离开水体来到平坦的浅海滩涂上独自闯荡，但一个充满水的地下巢穴对于它们的生存或许更加重要，它们可以潜伏在洞里伺机对洞外的猎物发动突然袭击，当遇到食肉动物的威胁时，可以迅速缩回去。落潮后，弹涂鱼常常要面临着被滨鸟和各种陆生哺乳动物捕食的危险、地下洞穴则为它们提供了一个安全环境。涨潮后，弹涂鱼可躲到自己挖的洞穴内以躲避到浅海滩来的各种食肉鱼类的攻击。除了用作避难所外，弹涂鱼的洞穴还可用做抚育室。

神奇的海龟

在热带与亚热带的海洋里，生活着以鱼、甲壳动物、软体动物以及海藻等为食物的海龟。当两栖类动物离开水域爬上陆地时，海龟作为卵生爬行动物早已离开水，在陆地上定居了。但是，其中一部分又返回了水中，这部分的后代被称为“绿海龟”，它素有“活化石”之称。

绿海龟的体内脂肪呈绿色，因此而得名。绿海龟分布在全球气候温暖的海岸线附近，主要以海草为食。它们有时会爬到岸上去晒太阳，这一点和其他海龟不一样。它也是一种大型的爬行动物。它身体有 1 米多长，背面呈褐色或暗绿色，上面有黄斑，腹面黄色，四脚有像鳍状的足，靠它们像桨一样地在水中划动，因此海龟能十分灵活地游动。

海龟的呼吸器官是肺，每隔一段时间它便要将头伸出海面来吸取空气，然后再返回水中。但是，海龟即使很长时间不浮出海面，也可以呼吸到氧气，因为它有一种具特殊呼吸功能的“肚囊”，肚囊可以帮助它从海水中直接摄取氧气，所以，海龟可以长时间地待在水底下。

海　龟

虽然如此，海龟仍需要离开水域，爬到岸上来生产后代。孵化出壳的小海龟白天隐埋在沙中，待天黑后再奔向大海。它们在旅途中不断地发育成长。海龟成年后，竟然又会回到“故乡”去繁殖、产卵，为此有时要在大海中旅行 2000 多千米。

海龟中的核皮龟在苏里南产卵，

海龟也是潜水高手

然后经过 11 个月的长途旅行，横渡大西洋，返回到加纳沿岸。巴西沿岸的绿海龟为了产卵，会横渡 2252 千米的大洋，到南大西洋中的一个小岛沙滩上去生儿育女，6 个月后，它们再作长途跋涉，返回巴西。刚刚孵化出来的幼龟，一进入大海，就能准确地游向巴西沿海。为什么海龟可以准确无误地找到回家的路呢？它又怎么会拥有如此奇特的本能呢？

原来，海龟的体内有一种奇妙的水下化学感受器，海龟可以靠它来感知外界的化学信息。海洋暖寒流的温度与浓度存在差异，海龟就是根据这种差异来识辨道路的。当海龟由波涛汹涌的海中爬上沙滩时，需要把鼻子伸到潮湿的沙土中去闻一闻，似乎在证实自己是否到达了目的地。

此外，海龟可能同某些洄游鱼类一样，体内存在有某种能利用地球重力场辨识方向的导航系统，能够感知地球磁场的方位，同时能参照海流和不同时期的水温来校正航向，就像带了指南针一样，当然也就不会迷路了。

蠵　龟

至于海龟为什么能够找到回家的路，还没有一个确定的答案，也许有很多理由可以解释得清，可是大自然却有它自己的理由。

有一种生活在海洋里的龟，它的个子大大的，头和四肢也都很大，以至于没法像其他的龟那样缩到壳里去。这种龟叫做蠵龟。

每当蠵龟被渔民捕获的时候，就会“吧嗒吧嗒”地流眼泪，看上去可伤心了。难道它真的是因为伤心而落泪吗？

实际上，蠵龟之所以会一直不停地落泪，是要排出身体内的盐分。因为蠵龟的肾脏不发达，得靠盐腺体排出身体里多余的盐分，而盐腺体长在眼眶下，所以蠵龟即使在海中也是不停地流泪的！

交配季节，蠵龟妈妈要回到它们出生的海岸产卵。它们产卵前会小心地观察地形，然后才上岸。它们只要开始产卵，就不会停下来，哪怕身边有天大的危险，也不去理会。看，蠵龟妈妈多勇敢啊！

刚孵化出来的小蠵龟，比手掌还要小，背部是黑色，腹部以及鳍缘为白色。孵化出来的龟宝宝会用鼻前一个小而坚硬的小点啄破蛋皮而出——这个器官在小龟脱壳后就会自动消失。同一窝的海龟会在同一时间内孵化出来，脱壳而出的龟宝宝，会借着从顶上落入空蛋皮的沙作为阶梯而奋力往上爬。约需大约 7 天的时间它们才能爬出卵窝，由于避敌的天性所使，小龟通常于夜晚沙滩温度较低时，才会爬出地面。借着向光性，龟宝宝快速地爬向较为明亮的大海。在到达海边后，它会寻着海浪的声音，冲进浪花中，使尽全身的力量，向外游出，以减少天敌的捕食机会。然而，沙滩旁的路灯，也会吸引这些刚离开卵窝的小龟，误导其方向，使其以为路灯就是海洋，而找不到回家的路。

小龟的天敌很多，在陆地上有各种沙滩上活动的动物，如沙蟹、家畜、海鸟及人类，在海中又有各种肉食性的鱼种。由于没有防御能力，龟壳又软，所以小蠵龟的死亡率甚高。根据估计，平均 1000 只小龟中，只有一只可以长大为成龟。

知识点

海龟的种类

在海洋里生存着 7 种海龟：棱皮龟、蠵龟、玳瑁、橄榄绿鳞龟、大海龟、绿海龟、丽龟和平背海龟。由于雄性海龟和年幼的海龟不会上岸，人们很难知道生存在野外的海龟数量。海龟的数量计算一般是根据它们的孵化率。研究显示，所有种类的幼海龟都不同程度地减少了。尤其是大海龟和棱皮龟，是所有海龟面临绝种危险最大的种类。数量最多的是橄榄绿鳞龟，几十万只到印度海岸筑巢。

树蛙与烟蛙

在树上生活的青蛙

青蛙一般是生活在水塘里和附近的田野草丛中，也许你不知道，有一种青蛙是在树上生活的。

树蛙的种类有许多种，大多数生活在亚洲东部和东南部亚热带和热带湿润地区。在中国，斑腿树蛙分布最广，北达甘肃南部，南至西藏南部。多种树蛙栖息在潮湿的阔叶林区及其边缘地带。体背多为绿色或随环境而异。

树蛙体多细长而扁，后肢长，吸盘大，指、趾间有发达的蹼。末端两指（趾）骨节间有节间软骨，与树栖生活相适应。

属于树蛙科的飞蛙，产在印度尼西亚的爪哇、菲律宾、马来半岛等地。体绿色，指、趾极长，末端有吸盘，能在树上跳跃、爬行。当指、趾伸直时，发达的蹼总面积约为 20 平方厘米，它们把四肢靠近身体，张开指、趾间的蹼，向树下一跳，就可以滑翔 5 米～20 米远；也能从地面一跃飞到 1.5 米～2 米高的树上，所以它有“飞蛙”之称。

树　蛙

在我国甘肃、西藏、长江流域及其以南地区，以及印度、斯里兰卡、东南亚等地有一种树蛙，身体能随环境变化。指、趾间有

青　蛙

微蹼，末端膨大成吸盘，吸盘中具有黏液分泌腺，可以牢牢地吸在树叶上，即使树的枝叶十分光滑，它们也能在树上跳跃、攀爬。它们也可以生活在草丛、竹上，以蚯蚓、昆虫、蜘蛛为食。

还有一种加勒比树蛙，体长仅有5厘米左右，背上有各种不同的花纹。它们的“祖籍”在加勒比海地区的波多黎各、古巴和巴哈马等地，主要生活在森林和湿地里。加勒比树蛙昼伏夜出，白天，它们躲在树叶间，晚上才出来觅食。它们主要以节肢动物为食，偶尔也吃蜗牛和特别小的青蛙。在加勒比地区，每公顷面积的青蛙数量超过2万只。加勒比蛙的卵产在隐蔽的树叶丛中，并由雄蛙严加保护，2～3周后变为小青蛙。

加勒比树蛙个子虽小，叫声却大得惊人。20世纪80年代，加勒比树蛙被无意中引入夏威夷群岛，发展到今天，由于没有天敌的控制，加上岛上环境条件好，树蛙大量繁殖，并已蔓延成灾。树蛙群每日下午5点至下半夜发出雷鸣般的噪音，使整个森林都无法安静下来。不过，大自然可不允许它如此泛滥，也许此时此刻，它的声音正吸引到蛇的“光临”。

敢于和蛇对抗的烟蛙

自古以来，蛇吃蛙、蛙怕蛇，这是自然规律所规定好的食物链。但是，大千世界无奇不有，动物王国里也有许多超乎常规以外的事。蛙类中就有一种不但不怕蛇，而且还能吃蛇的青蛙，这就是烟蛙。

在南美洲中部的巴拿马，那里的森林里生活着一种烟蛙，它比普通青蛙个头大。它见到蛇以后不但不逃跑，反而见着就追，追上就吃掉；蛇反而怕它怕得要命，看见就拼命逃跑。怎么会有如此奇怪的现象呢？

蛇是大多数青蛙的天敌，而青蛙也经常遭到蛇的“毒手”，原因在于它没有防身的武器与蛇较量。或许是自然界和青蛙开了个玩笑，它们想不到，有一天，它们的同类中竟也会出现蛇的“对手”——烟蛙。

巴拿马的烟蛙与众不同，它的皮肤呈黄褐色，背上有几条黑褐色的条纹，皮肤的颜色能随环境的变化而变成深褐色，它捉蛇时体色变幻莫测，常常把蛇迷惑得晕头转向。它的胸前长有两块呈乳头状的坚硬发达的胸肌，能像钳子一样把蛇牢牢夹住。蛇一旦被它追上夹住，就休想再逃跑。等蛇被夹得半死不活时，它就开始慢慢地吞食蛇了。烟蛙的胃很不寻常，它在吞食一条不足 1 米长的蛇，很短的时间内就可以把它消化完。而后，它又继续去寻找它的美餐了。正因为这样，烟蛙成了蛇的克星。

烟蛙是蛇的天敌

神奇的大自然又给我们上演了一部绝好的戏，它总是出乎我们的意料，带给我们意想不到的惊喜。

从滑翔到飞翔

CONG HUAXIANG DAO FEIXIANG

鸟是脊椎动物的一类，温血卵生，用肺呼吸，几乎全身有羽毛，后肢能行走，前肢变为翅，大多数能飞。在动物学中，鸟的主要特征是：身体呈流线型，大多数能飞翔生活；体表被覆羽毛，一般前肢变成翼（有的种类翼退化）；胸肌发达；直肠短，食量大消化快，即消化系统发达，有助于减轻体重，利于飞行；心脏有两心房和两心室，心搏次数快；体温恒定；呼吸器官除具肺外，还有由肺壁凸出而形成的气囊，用来帮助肺进行双重呼吸。

鸟类起源的研究，经过了主要这样的一些阶段。1868 年，赫胥黎提出了鸟类起源于恐龙的假说。1927 年，丹麦古生物学家海尔曼提出，鸟和恐龙虽然十分相似，但恐龙因为已经十分特化，所以鸟类可能不会从恐龙直接起源，而是和恐龙有一种共同的祖先，这就是槽齿类。这种学说从提出来以后，一直盛行了大概有半个世纪。

从 1973 年到 1985 年，恐龙起源说再次复兴。学者在研究脊椎动物化石的时候，发现有一块被鉴定成翼龙的化石具有羽毛，进而找到了另外一件始祖鸟化石。这种偶然的发现，使学者将鸟类和恐龙的关系连接到了一起。1986 年一直到现在，恐龙起源学说不断盛行，越来越多的化石证据支持了这样的一种假说。

鸟类的祖先：始祖鸟

在我们的身边，经常见到各种鸟类，如小麻雀、小鹦鹉、大雁、喜鹊等等。那么你们有没有想过，鸟类的祖先是什么样子的？鸟类是怎样进化而来的？

早在1951年，在德国巴伐利亚州的索尔恩·霍芬发现了一具年代最为古老的鸟类化石，不仅骨骼得以保存，而且还有羽毛的痕迹，经专家研究得知这是一种生活在大约1.5亿年前的鸟。因此专家们就把它命名为“始祖鸟”，意思是“古老的羽翼”。

始祖鸟

始祖鸟是一种非常奇怪的生物，它是半鸟爬行动物。它的大小相当于一只乌鸦，长有两对翅膀。它的前两只翅膀和现代的鸟类一样，它的后两只翅膀实际上就是它那长了长长的羽毛的后肢。但是，它还有一些不同于鸟的其他特征。它嘴里有牙齿，而不是形成现代鸟类那样的角质喙；有一条长长的尾巴；前肢指端有爪；骨骼内部还没有气窝；翅膀上还长着爪子等等，所以说它是一个奇怪的混合体。但是另一方面，它已经具有羽毛，这可都是鸟类的特征。鸟类有了羽毛，才获得巨大的飞行能力，能翱翔蓝天；鸟类有了羽毛，才使它的外形更趋流线型，更为五彩斑斓。正是因为鸟类特征是在爬行类的特征基础之上进化、发展起来的，所以有人将鸟类戏称是“美化了的爬行动物”。

始祖鸟有四个翅膀，那它飞行得肯定很快，但实际情形却并不是这样。科学家研究发现，后肢上的羽毛可以让它飞得更慢，并且可以更好地进行转弯。慢速飞行意味着始祖鸟有更多的时间躲开障碍物，安全降落，而方便的急转弯可以改善始祖鸟抓获猎物时的能力，逃脱追捕者，更灵活地穿越树丛。

既然四个翅膀给始祖鸟的生存带来了这么多的方便，为什么现代鸟类还是只保留了前翼，而放弃了后翼？原来，两个翅膀将腿解放出来，可以用作其他用途。现在的鸟类，腿可以用来行走、攀登或是游泳。比如鸭子，可以飞，可以走，可以游水，也可以跑。如果鸭子的腿上也长着长长的羽毛，也许它们可以更好地飞行，但是不能走，也不能游了。

始祖鸟有四个翅膀

从始祖鸟保留下来的一系列与爬行动物相似的特征可以看出，它适应飞行的各方面构造还很不完善，所以专家推测它大概还只能在低空滑翔。那么，始祖鸟是怎么从陆地行走变成在天空滑翔呢？

有些科学家认为，始祖鸟原来是生活在树上的，在树上利用带羽毛的翅膀滑翔是一种有利的活动方式，这使前肢上由鳞片变成的原始羽毛的变异类型获得了更多的生存和繁殖的机会，终于发展成带羽毛的翅膀而获得飞行能力，也就变成了现代的鸟类。

始祖鸟虽然仅仅发现在化石里，但它为鸟类的起源提供了证据，被认作鸟类的祖先。

孔子鸟：角质喙的出现

清晨，绿树丛间的一片青葱的草地上，一只年轻的雄孔子鸟不停地拍打着自己的翅膀，一副准备飞行的样子……

这种以中国先哲孔子为名字的鸟类，大小如鸡，生存于距今约 1.4 亿年前的侏罗纪晚期。它的头骨没有完全愈合，前肢上的掌骨也没有愈合，其上长有 3 个带爪的指。同始祖鸟相比，孔子鸟又具有一些更近似现代鸟类的特征，比如它嘴里的牙齿没有了，变成了现代鸟类的角质喙；脊椎骨开始退化，胸骨发育；它的尾巴也比始祖鸟短很多，而且始祖鸟的尾椎上有 23 块骨头，而孔子鸟的尾椎已经愈合成一根短的尾综骨。

孔子鸟的时代和骨骼特征都证明，它是连接始祖鸟和那些晚辈鸟类的中间环节。由于它的口中已经没有了牙齿，因此孔子鸟又是迄今发现的最早的具有角质喙的鸟类。

与恐龙同时代的黄昏鸟

在大约 8500 万年以前，美国的肯萨斯州还是一片汪洋，黄昏鸟就生活在水中的岛屿上。它的牙齿十分锐利，长在口中的深槽里；脑容量近似爬虫类，并不很大；翅膀不发达，但从身体后方伸出的双足强劲有力，具有橹桨的作用，趾间可能有蹼；海狸式的尾巴使它能够利落地在水中钻进钻出，更奇妙是它细长的咽喉和一块可以变形的软骨相连，这种构造很像现代的蛇类，所以它能鲸吞美食而无所顾忌。这种鸟是白垩纪时期的海洋居民，它的双足生来就是用来游水的，不是用在地上走路。除了短暂时期在岸边孵卵以外，它的全部生活都在水上度过。

黄昏鸟有一个光滑的、有羽毛覆盖的身体，长长的腿和带蹼的脚。它的翅膀很小，在潜水时起驾驶作用。它的嘴很长，有许多小而尖利的牙齿。它是一种海栖肉食动物，捕食鱼类、菊石和箭石。

黄昏鸟

黄昏鸟生活在温带海洋中，

繁殖时才上岸。它们不能行走，在岸上显得笨拙而脆弱，故而聚集在一起以寻求安全，并选择难以接近的多石地形。

黄昏鸟大部分时间都漂浮在海面上，通过游泳和漂流进行长途跋涉。它们是快速的游泳者，进行短时间潜水来捕食鱼群和其他经过的猎物。它们的腿在陆地上不能支撑起自己的身体，因此它们只能用腹部推动着前进。由于不能飞也不能步行，黄昏鸟需要警惕掠食者们：水中有鲨鱼和蛇颈龙，岸上有恐龙和翼龙！

知识点

箭　石

箭石是古无脊椎动物，头足纲，壳由鞘、闭锥、前甲三部分组成。闭锥是由凹面的隔壁构成的圆锥体。前甲是闭锥背部长而宽的突起物，很薄，难于保存。鞘呈圆柱状或圆锥状，通常是惟一能成为化石的部分。开始出现于早石炭世，在侏罗纪及白垩纪的地层中最多。

戈氏鸟：曾经的地球霸主

6500 万年前，火山活动开始了，频繁爆发的火山对环境造成了前所未有的污染，恐龙和小型哺乳动物的生活环境不再健康。更糟糕的是，受到伤害的不仅是环境，地球本身也遭受了致命性的重创。由于陨石突然撞击地球，短时间内毁灭了所有的森林，恐龙全部灭绝，很多小型哺乳动物也都不复存在，整个世界似乎就此了无生机。

多亏被称之为我们祖先的小型哺乳动物的身材足够小，才得以在这场史无前例的浩劫中劫后余生。当时的哺乳动物相当于现在的鼠类那么大。经过漫长的修复期，到 4900 万年前的始新世时期，地球渐渐恢复了元气，森林重新繁茂，森林里已经繁衍出许多珍禽异兽，有鳞爬行类的统治一去不复返。

戈氏鸟

哺乳类适应新世界的速度很快，种类也迅速增多，但体形依然较小。

戈氏鸟是恐鸟的后代，高度和成年男子一样，体重达到甚至超过半吨，其庞大的体形取代了恐龙，统治着陨石撞击后的地球。这是史上惟一一次鸟类统治地球。

那是一个鸟吃马的奇妙世界。现代马的祖先名为远古马，体态娇小，比猫略大，还没有发展出蹄，脚上只有四个像蹄的趾头。由于身体玲珑，防御能力较弱，远古马的胆子非常小，稍有动静就向密林深处逃跑。它们一旦被戈氏鸟强壮有力的喙噙住，就会被悬在半空中，在无数次大幅度左右甩动中晕倒或者死去，最后成为鸟食。远古马非常喜欢吃发酵的野葡萄，饱食后感官变得迟钝，更增加了送命的几率。

霸主戈氏鸟并非处处得意，由于身材的限制，它们只能在树下做窝、孵蛋。在其外出捕猎的时候，如果小戈氏鸟破壳而出，那势必不能活着跟它的父母见面。

戈氏鸟幼鸟的天敌是蚂蚁，确切地说是蚂蚁的一种——食肉蚁，史上最大的蚂蚁之一。食肉蚁成群围攻小戈氏鸟无毛的身体，喝干它的鲜血。

知识点

始新世

始新世常被划分成早期（距今5780～5200万年）、中期（距今5200万～4360万年）和晚期（距今4360万～3660万年）。始新世早期最令人受到注意的是，原始的现代哺乳动物的出现。

渡渡鸟：被人类灭亡的远古鸟类

渡渡鸟的名字来源于葡萄牙语里“傻瓜”这个词。这样称呼它是因为这种鸟表现得对人类“毫无惧色”且根本不会飞翔，这也使得它们很容易被那些殖民者所捕食。而荷兰人则称该鸟为“肮脏之鸟”，因为它的肉实在是太不好吃了。科学家们认为，渡渡鸟之所以一点也不怕人，主要是因为它们在毛里求斯岛上没有任何天敌存在，而它们无法翱翔蓝天则是由于过于硕大的体形。

渡渡鸟

渡渡鸟是一种不会飞的鸟，它出现在距今2000万年前，一直生活在印度洋中远离大陆的毛里求斯岛。毛里求斯原来只是一个荒岛，但自然风光十分迷人。渡渡鸟肥大的体型总是使它步履蹒跚，再加上一张大大的嘴巴，使它的样子显得有些丑陋。猛一看，渡渡鸟很像鸽子，但它的脖子较短，嘴尖并且有弯钩，尾巴上的羽毛还是卷曲的。

渡渡鸟因为身躯较为臃肿，翅膀已经退化，因而只能奔走却不能飞翔。幸好岛上没有它们的天敌，因此，它们安逸地在树林中建窝孵卵，繁殖后代。大概是因为它发出“渡渡”的叫声的缘故，或许由于它性格温和，行动笨拙，所以人们把它叫做“渡渡鸟”。

渡渡鸟栖息在林地中，以树木的果实为食物。毛里求斯岛温和的气候、丰富的食物，没有猛禽野兽的侵扰，这里成了渡渡鸟的乐园。由于渡渡鸟在自然界中几乎没用天敌，所以它与人类也特别亲近。后来，当带着来复枪和猎犬的欧洲人来到了毛里求斯时，它们还好奇地迎上去，上下打量着这些陌生的来客，表现出特别的亲昵和热情。

然而，渡渡鸟的热情好客并没有令欧洲人感动。相反的，不会飞又跑不快的渡渡鸟厄运降临了。欧洲人来到岛上后，渡渡鸟就成了他们主要的食物来源。从这以后，枪打狗咬，鸟飞蛋打，大量的渡渡鸟被捕杀。就连幼鸟和蛋也不能幸免。开始时，欧洲人每天可以捕杀到几千只到上万只渡渡鸟，可是由于过度的捕杀，很快他们每天捕杀的数量越来越少，有时每天只能打到几只了。

渡渡鸟是一种不会飞的鸟

1681 年，最后一只渡渡鸟被残忍的杀害了，从此，地球上再也见不到渡渡鸟了，除非是在博物馆的标本室和画家的图画中。

奇怪的是，渡渡鸟灭绝后，与渡渡鸟一样是毛里求斯特产的一种珍贵的树木——大颅榄树也渐渐稀少，似乎患上了不孕症。本来渡渡鸟是喜欢在大颅榄树的林中生活，在渡渡鸟经过的地方，大颅榄树总是繁茂，幼苗茁壮。到了 20 世纪 80 年代，毛里求斯只剩下 13 株大颅榄树，这种名贵的树眼看也要从地球上消失了。

在文学作品《爱丽丝漫游奇境记》里，一则政治讽刺故事里提到了渡渡鸟。如今，渡渡鸟已经成为了那些完全灭绝的动物的代名词，以致于在英语中出现了诸如“像渡渡鸟那样死去”的成语。

知识点

大颅榄树

大颅榄树是一种珍贵的树木，树干挺拔，木质坚硬，木纹很细，树冠秀美。渡渡鸟喜欢在大颅榄树的林中生活，在渡渡鸟经过的地方，大颅榄树总是绿林繁茂、幼苗茁壮。

隆鸟：鸟类大型化发展的代表

13 世纪，意大利旅行家马可·波罗在他的游记中记述了一只罕见大鸟，他称它为“巨鹏”。16 世纪以前，几乎没用“隆鸟”这一说法。人们在各种传说中听到最多的就是“巨鹏”——认为它是世界上最大的鸟。其中最典型的例子出现在《一千零一夜》和《马可·波罗游记》之中。

《一千零一夜》里有四个关于巨鹏的故事，辛巴达曾经对它作过描述：它们拥有巨大的身躯和宽阔的翅膀，如果它们完全展开翅膀，足以将日月遮蔽。辛巴达最初见到巨鹏蛋的时候，误把它当做“巨大的圆顶建筑”。这些巨鹏还“十分疼爱自己的幼子”。《一千零一夜》的另外的故事还记述了因船员杀死巨鹏的幼鸟而被巨鹏丢下的石头砸沉船只的经历。

在各种传说中，巨鹏的威力远不止这些。有的故事说，这些巨鹏的体积很大，可以载动骆驼、大象或成群的孩子。有的传说中说得更神奇，说巨鹏的蛋从巢中滚落，竟然砸死了 300 多棵树，淹没 600 多个村庄。

也许在洪荒时代真有这只巨鹏的存在，但至今没人能找出与之相对应的证据。

大约在马可·波罗之后的几个世纪，马达加斯加的特使向中国皇帝敬献过一根“巨鹏”的美丽羽毛，但是后来人们发现，这根难得一见的羽毛并非出自巨鹏的身上，而是隆鸟的羽毛。

隆　鸟

隆鸟又叫象鸟，也叫大象鸟，主要生活在世界第四大岛——非洲马达加斯加岛的森林中。“隆鸟”的意思即是“高高凸起的鸟”。隆鸟比新西兰的恐鸟还要高 2 米，比现在世界第一大鸟——鸵鸟就更高了。在300多年以前，可称得上世界第一大鸟。就连隆鸟的蛋也比后两种鸟的大许多，鸵鸟蛋平均约1.76千克，相当于200多只鸡蛋那么重。

隆鸟有两只大大的脚趾及粗腿

隆鸟的身躯健硕，脖子很长，脑袋很小。圆钝的喙，两只大大的脚趾及粗壮的大腿。隆鸟的前肢已经退化，只留下很小的翅膀，羽毛同鸸鹋非常相似，是一种善于奔跳而不会飞的巨鸟。隆鸟是早期鸟类向大型化发展的一支代表，它同岛上的其他动物一起和谐地生存了很长一个时期。人们认为隆鸟的肉多且鲜美，羽毛修长，可作装饰品。过去，马达加斯加岛的居民常常猎杀隆鸟，取食它的肉，而羽毛则作为身上的装饰品，他们还用隆鸟的腿骨做成项链，佩挂在胸前。那里至今仍流传着许多关于隆鸟的神话传说。

隆鸟数量本来一直不多。到了17世纪，马达加斯加岛的居民数量已增至以前的十几倍，他们很快就出现了缺衣少食的现象，于是大片的森林被砍伐，变成了家田，隆鸟再也找不到回家的路了。许多隆鸟就在这颠沛流离中慢慢死掉了！

1649年，是当地居民能够捕杀到隆鸟的最后一年。之后，人们再也没有见过隆鸟。

知识点

鸸　鹋

鸸鹋是鸟纲鸸鹋科惟一物种，以擅长奔跑而著名，是澳洲的特产，是世界上第二大的鸟类，仅次于非洲鸵鸟，因此也被称作澳洲鸵鸟，翅膀比非洲鸵鸟和美洲鸵鸟的更加退化，足三趾，是世界上最古老的鸟种之一。栖息于澳洲森林和开阔地带，吃树叶和野果。

恐鸟与鸵鸟

鸟中巨人——恐鸟

人们对恐龙的灭绝相当熟悉，也相当关心，但对同样已经灭绝，也同样与“巨”字连在一起的另一种动物似乎很陌生，这种动物就是“恐鸟”。恐鸟是一种很早以前生活在新西兰的无翼大鸟，过去人们一直认为，这种人类已知的最大的鸟的灭绝是因为人类滥杀的结果，但科学家现在发现，这种鸟灭绝，责任并不全在人类身上。

恐鸟的故事通常像是一个传说一样展开。从前，这种像鸵鸟一样的大鸟幸福地生活在一片飘着白云的土地上，毛利人把这块土地叫做“奥蒂罗亚”，也就是现在的新西兰。大约700多年前，一个有重大影响的日子来临了，首批人类来到那里。他们是玻利尼西亚人，据说他们是乘着独木舟从夏威夷而来，发现新西兰岛上有一种无翅的鸟很容易捕杀，可为他们提供营养丰富的食物，这种鸟就是恐鸟。

恐　鸟

恐鸟曾是新西兰众多鸟类中最大的一种，平均身高都有一层楼高，比现在的鸵鸟还要高很多。即使是一只刚出壳的小恐鸟，也比一只鸡大。恐鸟除了腹部是黄色羽毛之外，其他全部是黄黑色相间。没用翅膀，所以不能飞翔。虽然恐鸟的上肢和鸵鸟一样已经退化，但它的身躯肥大，下肢粗短，因此奔跑能力远不及鸵鸟。恐鸟与鸵鸟的最大区别是：它的脖子有羽毛覆盖，而鸵鸟的脖子是秃裸的，并且比恐鸟的脖子要长；它是三根脚趾，而鸵鸟是两根脚趾。

恐鸟在生活中一夫一妻制，它们可以共同生活终生或者其中一只死去后，幸存者才去另寻配偶。它们以夫妻为单位终年栖息在新西兰南部岛屿的原始低地和海岸边林区草地里，以浆果、草籽和根茎为食，有时也采食一些昆虫。由于恐鸟身体庞大，需要大量的食物，因此每对恐鸟都有着自己大片的领地。由于恐鸟生活区域人烟稀少，食物充足，并且没有天敌，只有少数土著人猎杀恐鸟为食，但土著人的原始狩猎方式并没有给恐鸟群体以致命打击。恐鸟在400万年前来到这里，直到18世纪初，依然统治着这块土地。

火山爆发是恐鸟灭绝的主要因素，由于恐鸟性情温顺，行动呆笨，又不会飞翔，所以火山喷发的时候，恐鸟几乎全部葬身火海。

恐鸟体形高大

18世纪中期，欧洲移民来到岛上，也给恐鸟带来了厄运。恐鸟肉对于欧洲移民来说是美味佳肴。由于恐鸟不知道躲藏，欧洲人很容易捕捉到它们，经常一下子就能捕杀十几只，恐鸟肉一时成了这些欧洲移民的一项重要的肉食来源。同时由于欧洲移民的到来以及当地土著人的不断增加，开始了大面积烧荒、垦荒。恐鸟的生存地也遭到了彻底破坏，恐鸟因失去立足之地而被大量饿死，同时，由于恐鸟破坏庄稼，人们为了保护庄稼大量捕杀恐鸟。与欧洲人一起来到岛上的家犬和家鼠也成了恐鸟的天敌，他们同样给恐鸟以致命打击。

到了18世纪后期，恐鸟的数量已经很少了，人们捕捉恐鸟也越来越难了。而1800年则是人们能捕捉到恐鸟的最后一年。

鸟中“巨无霸”鸵鸟

在很久很久以前，鸵鸟是会飞的。那时的人吃的都是生的东西，不知道怎样使用火。有一天，一只螳螂发现鸵鸟的食物总是散发出特别诱人的香味。经过仔细观察，螳螂发现了秘密：原来鸵鸟的翅膀底下藏着一块火种，鸵鸟用它来烤食物。过了一些日子，螳螂开始了谋取火种的计划。有一天，螳螂怂恿鸵鸟去摘取树上的李子，鸵鸟不知是计，展翅向树上飞去，一旁的螳螂趁机偷取了鸵鸟翅下的火种，并把它献给了人类。受骗之后的鸵鸟懊悔不已，发誓不再把翅膀张开飞翔，从此，鸵鸟便不会飞了。

鸵　鸟

这是一则非洲的传说。

在鸟类王国里，如果按照个子大小排座位，坐头把交椅的应该是鸵鸟。

在东非辽阔的原野和半沙漠地带，要想看到野生的鸵鸟并非难事。行走在鸵鸟之间，我们就会注意到，成年鸵鸟身高足有一层楼那么高，身长也有两米，就像一头牛那么重，就连产的蛋也是世界上最大的鸟蛋，看起来有小西瓜那么大，一个人站在上面都不会压碎。

鸵鸟不但个子大，样子也很滑稽。它身躯肥大，腿长脖子也长，一个不大的脑袋上长着一张又扁又宽的短嘴，一双大眼睛透出机警的神情。

鸵鸟是双腿动物中的跑步冠军，别看它身体很重，可不是一般的鸟，跑起来健步如飞，最高时速可达44英里！

鸵鸟为什么有如此快速奔跑的本领呢？这是因为鸵鸟生活在半沙漠地带，那里草木稀疏，水源缺乏，觅食困难，必须长途跋涉。同时，遇到天敌，沙漠中很难隐蔽，只有快速奔跑，才能保全自己。鸵鸟的腿长而有力，只有两个粗大向前的脚趾，外趾小，爪退化，内趾带坚爪，特别发达，趾底还有很厚的肉垫，在沙漠中奔走，不易下陷，这些都为它在沙漠中快速奔跑创造了条件。

鸵鸟身躯肥大，脖子细长

鸵鸟头部羽毛稀疏，颈部大都光秃裸露，相貌实在难看。然而，鸵鸟有自己值得骄傲的地方。它头颈很长，目光锐利，看得准，望得远，不但能及时防止天敌的偷袭，而且还能迅速寻找食物充饥。

在非洲，不少国家不但用鸵鸟作为运输工具，而且还驯养鸵鸟来牧养。鸵鸟发现有窃贼偷羊，就会高声鸣叫，迈开长腿飞奔过去，把窃贼赶跑。

中世纪时期，骑士的头盔上都插着一根鸵鸟的羽毛。到了19世纪，它又成了女士们服饰的装饰品。这种需求促使农民在南非、美国南部和澳大利亚等地建立饲养鸵鸟的农场。

大约500万年以前，鸵鸟在地球上广泛分布。在俄罗斯的南方、印度和我国的中部和北部地区，都曾发现过鸵鸟的化石。西非鸵鸟和阿拉伯鸵鸟已属濒危动物。也有人认为，产于叙利亚和阿拉伯半岛的叙利亚鸵鸟已在1941年灭绝。

原鸡：鸡之祖先

我们每天吃鸡肉、鸡蛋，但你知道鸡的老祖宗是谁吗？我告诉你吧，鸡的老祖宗就是原鸡。

原鸡是家鸡的远祖，体型似家鸡，雄鸡比雌鸡稍稍大一点点。与家鸡相比，原鸡的脚要短一些，但翅膀比家鸡发达，不过原鸡也不能飞太远的距离，一般不超过 200 米。

原 鸡

原鸡栖息于海拔 2000 米以下的热带林区边缘，在中国仅分布于云南和广西、海南南部。雄原鸡的鸣声宛如“茶花两朵”，故云南当地称其为“茶花鸡”。晨昏时在林缘的山坡耕地、草地上觅食昆虫、谷物，也在林下啄食嫩草、嫩芽和植物的果实。

每年 2 月开始繁殖，3～5 月为繁殖高潮期。一年产卵两窝，每窝 6～8 枚。卵色似家鸡蛋而个体略小。除繁殖季节外，原鸡多单独活动，也有三五成群，还会结成一二十只的小群。

原鸡的免疫力一般较家鸡强，对于改良鸡种很有意义，但云南的部分地区，原鸡的数量已逐渐减少。原鸡现已列为保护动物，禁止捕杀雏鸡和拾取原鸡蛋。

消失于近代的鸟类

阿拉斯加鸬鹚

大约 300 年前，自然学家乔治·斯德勒和探险家韦特兹·白令驾驶着“圣彼得罗号”海船，奉女皇安娜的命令去北方进行大考察。

一天，天气骤变，一场巨大的风暴使白令率领的两条船分开，以后再也没有汇合到一起。他的旗舰“圣彼得罗号”又航行了两周多，最后来到了北美的阿拉斯加。随后，白令继续前进，返航时却因气候原因被迫在一个荒凉的小岛过冬。这个原先并不为人所知的小岛后来被命名为“白令岛”，这是为了纪念因那次海难而没能在岛上度过漫长冬季的探险家韦特兹·白令和其他许多丧生的水手。

阿拉斯加鸬鹚

在白令岛，细心的韦特兹·白令发现了一种全身黑色、身体较大的不会飞行的海鸟，并将此发现记录在他们的旅行日记中。韦特兹·白令在日记中是这样记载这种黑色海鸟的“它们就像一只鸡那么大，足够两三个人吃了”。

白令十分好奇，整天逗着鸬鹚玩，看它捕鱼和栖息。随同白令探险的自然科学家乔治·斯德勒把这里的鸬鹚命名为“阿拉斯加鸬鹚”。

阿拉斯加鸬鹚主要栖息在气候温暖的靠近陆地的岛屿和沿海地带，它们经常成群停息在露出海面的岩礁上和海岸悬崖中突出的地方，远远望去，就像“黑色的巫师”。

阿斯加鸬鹚生活在沿海地带

爱斯基摩人、捕鲸人和皮毛商为了各自的利益，主要是为了取得肉食和得到阿拉斯加鸬鹚那品质特别优良的羽毛，对它进行了一次又一次的大捕杀，这些轮番的大捕杀对阿拉斯加鸬鹚而言是灭绝性的。以致到了1850年，即在韦特兹·白令首次发现阿拉斯加鸬鹚以后100多年的时间里，这些生活在偏僻岛屿上的鸬鹚就灭绝了。这是韦特兹·白令和乔治·斯德勒当初绝对没有料到的“成果”。

旅　鸽

旅鸽，顾名思义，是一种特别喜欢旅行的鸽子。它们终年无忧无虑地生活在北美大陆上，每到迁徙的季节，它们像巨幅丝绸幕帘覆盖了天空。其所到之处遮云蔽日，蔚为壮观。

旅鸽是一种体形较大的候鸟，长着长长的尾巴。它的上体羽毛是蓝灰色的，喉部和胸部为棕色，尾巴上的羽毛为灰色。它们常把巢建在树上，巢都是用细细的树枝构成的。

17 世纪早期，一位名叫乔司林的新英格兰人这样写道："我曾在春天里见到一群鸽子，数量有好几百万。当它们返回南方经过密可马斯时，绵延五英里之长，我认为鸽群无头也无尾，既没有长度，也没有宽度，十分密集，使我连太阳都看不到。它们的巢挨着巢，树与树之间由鸽巢连成一片，形成几英里长的松树阵。但是近年来，其数量大为减少，英国人用网捕捉它们。我在波士顿买下 10 多只鸽子，只花了三便士，其羽毛已被拔掉，内脏也被挖掉。"

北美旅鸽

旅鸽灭绝是继渡渡鸟之后又一个最为著名的事件。如果说大象鸟是已知现代灭绝的体形最大的鸟，那么，旅鸽则可算得上目前所知聚群最大的鸟。

当欧洲人到北美大陆后，旅鸽的厄运也就从此开始。由于旅鸽肉味鲜美，开始遭到他们大规模的围猎。从此，旅鸽也就一步步走向了灭绝。当时鸽肉在市场上轻易买到，密歇根州一个季节里就捕获了 750 万只旅鸽。在不到 100 年的时间里，旅鸽从几十亿猛减到濒临灭绝的地步。

到了 1900 年，最后一只野生旅鸽被贪婪的猎人打死了。就在这之后，美国政府曾登出这样一个特殊悬赏：谁要是找到一只旅鸽便可得到 1500 美元的奖励。当时各地人都在为此议论纷纷：旅鸽原来不是一种很普通的鸟儿吗？

为什么突然间变得这么值钱了呢？可是没有一个人得到奖赏。

在野生旅鸽灭绝之后，人们想用人工饲养繁殖的办法使旅鸽种群恢复，可是一直没有成功。到了1914年9月1日下午，最后一只人工饲养的叫“玛莎”的雌性旅鸽在美国辛辛那提动物园中死掉，代表着旅鸽从此在地球上销声匿迹了。当时许多人围在它的身旁掉下伤心的眼泪，因为人们从此再也看不到这种美丽可爱的动物了，再也看不到它们迁徙时成千上万的壮观景象了。

如果你有幸到美国华盛顿国家博物馆，在展厅里你就可以看到：“玛莎”站在一根树枝上，长长的嘴，尖尖的尾巴，展翅欲飞，但它永远告别了蓝天白云。它再也不能动，也再也不能叫，更不能吃东西了。这是世界上最后一只旅鸽，而且是一只标本。“玛莎”那永不闭合的眼睛圆瞪着，那永不饶恕的目光似乎在谴责着人类，又似乎在提醒着人们记住往昔沉痛的教训。

千奇百怪的鸟类

美丽的火烈鸟

在肯尼亚西部，著名的东非大裂谷贯穿着整个纳古鲁湖。在这个深壑万丈、险景不绝的峡谷中，隐藏着一潭潋滟的湖水，这就是纳古鲁湖。

肯尼亚和坦桑尼亚的裂谷区，聚集有近400万只的火烈鸟，位于赤道线上的纳库鲁湖，是世界上最大的火烈鸟聚居地，被称为“火烈鸟的天堂”。

这些生活在纳古鲁湖的火烈鸟

火烈鸟

群，历来被称为“世界禽鸟王国中的一大奇观”。湖面上，它们身披白中透红的粉红色羽衣，两条长腿悠然挺立，红的色调更深一层。远远望去，周身红得就像一团烈火，两腿则红得就像炽燃的两根火柱。修长的双腿倒映水中，好像要把火引烧到湖底；两翅不时轻舒曼抖，在湖面掀起道道红色的涟漪。如落英逐逝水，似朝霞映碧池，给雄险的大裂谷平添了几分优柔妩媚的韵致。

火烈鸟喜欢群居，这种喜欢扎堆生活的大鸟，往往成千上万只甚至更多的聚集在一起。从高空看，遍地通红，绵延好几千米，就像一块巨大的红地毯，又宛如一片在泥沼原野上沸腾的红色波涛……令人流连忘返，心旷神怡。

能吃猴子的猛禽

有一种禽类，它们非常有力，往往是森林中猴子的天敌。这些吃猴的猛禽中最著名的要算南美洲的角雕、非洲的冕鹰雕以及东南亚的食猴鹰了。

角雕大都栖息在大亚马孙河流域的热带丛林中，它是世界上最大、最有力的一种猛禽。它身体大约有 1 米长，体重达 9 千克。长着一对宽而短的翅膀，长长的尾巴，头顶上耸立着两个黑色的羽冠，嘴短而有力，足趾大得出奇。它经常在丛林中作短距离的飞行，一旦发现猴子，就会从天而降，来个突然袭击。虽然猴子的动作敏捷，但仍逃不过来自天空的角雕的魔爪。角雕的繁殖能力很低，每年只产一枚卵，并且它又是出没于密林中，因此显得特别珍贵。

角 雕

冕鹰雕也是一种大型猛禽，它们大都生活在非洲。它的身体略比角雕小一点，体长大约 85 厘米，体重在 4 千克左右。它在树上建巢，并且用树枝将巢筑得很大。这种巢建完后，往往能用很多年，它们只是每年添加一些树枝、草叶等就行了。每当有敌害接近巢穴的时候，冕鹰雕往往先用恐吓来吓退敌人，或者来一个勇猛的进攻。如果不加戒备，就会被它抓伤。

冕鹰雕

食猴鹰长得很艳丽，它身上大部分的羽毛呈黄色，前半部分是深褐色，后半部分是浅黄和白色相间。每当遇到敌害的时候，它就竖起全身的羽毛，显得威武强壮。它的眼睛是蓝色的，眼圈为红褐色，并且非常敏锐。上喙带钩，十分尖利。

食猴鹰，顾名思义，主要以猴子为食物。当它发现了猴子的踪迹后，就闪电般地俯冲下来，先将猴子的眼睛啄瞎。这时候，猴子即使再机灵，也没法逃脱了。

食猴鹰的寿命比较长，一般能活 40 多年。但是，食猴鹰每年只产一枚卵，比鸭蛋稍微大一些，白色，繁殖率很低。再加上人们的滥捕，目前食猴鹰的数量越来越少。据动物学家估计，在东南亚的棉兰老岛仅有 20 只，在吕宋岛偶尔能看到几只。即使东南亚的一些国家已经建立了林区，作为食猴鹰的自然保护区，但它们也已经濒临灭绝的边缘。

动物与动物之间就是这样互相残杀，才得以维系自己的生命。弱肉强食，是自然界动物生存的定律，任何物种都逃脱不了“物竞天择”的命运。

会捕蛇的鸟

在非洲热带草原和开阔森林地带，生活着一种相貌和习性都很独特的鸟，这就是蛇鹫。

蛇鹫是非洲特有的鸟类，栖息地遍布非洲。蛇鹫总是成对或者小群地在草原上游荡，以地面小动物为食，它快速有力的啄击能使很多小动物当场命

蛇　鹫

丧黄泉。因此人们说，蛇鹫是长翅膀的沙漠王者，如同狮子和猎豹一样，蛇鹫构成了非洲草原上独具特色的一道风景。地处非洲大陆南部的南非还把它强悍的身影搬上了国徽。

蛇鹫身形高大，雌鸟和雄鸟长得十分相似，有十多岁孩子那么高。它的外貌十分奇特：头钩喙似鹰，长腿似鹤，头顶羽冠。羽冠在平时如发辫般低垂，而当被激怒或者紧张时就会高高竖起。蛇鹫的喙短粗带钩，眼睛周围橙红色的赤裸皮肤让人想起美洲的长腿冠鹰。上身披洁白羽毛，翅膀后部和尾部则覆盖着黑色羽毛。尾羽中间的两根白色羽毛极长，坚硬地向后面竖着，仿佛一把戳向身后的长矛。蛇鹫的腿像鹤腿一样修长挺拔，上半部长着黑色的短绒毛，看起来好像穿着一条马裤。小腿和脚表面长有很厚的角质鳞片，使时常行走于灌丛的脚部不致受到伤害。平常，蛇鹫就是这样迈着自己纤巧的长腿优雅地在非洲草原上走来走去——文雅的风度和独特的模样在猛禽家庭中独树一帜，使人很难想象它们捕猎时的凶猛。蛇鹫的腿是所有猛禽中最长的，以至在进食或者饮水的时候，它必须弯曲双腿蹲在地上才行。这长长的双腿看上去虽然纤细伶仃，却威力巨大，用力一踢可以对猎物产生极大的杀伤力。不过，蛇鹫脚爪的握力不强，无法像短趾雕那样施展“无影掌”来对付敌人。

蛇鹫拥有几个名字，都有有趣的来历。在拉丁人中，人们叫它“射手”，来自于它用长腿大步走路的姿态和射手迈开马步准备射箭的姿势极其相似。在英国，人们又叫它“秘书鸟”，来自于它脑后的几根桀骜不驯的飘羽总使人联想起中世纪耳朵上夹着羽毛笔的抄写员。不过，这个文绉绉的名字似乎不太适合它猛禽的身份。于是最近又有人给了它一个阿拉伯语名“捕猎鸟”，这也许更加符合它的性格。

蛇鹫还会捕蛇。许多年前，一位在非洲进行研究的鸟类学家曾报告说，他看到了一只蛇鹫捕食一条长达 6 米的蛇。这条新闻立刻引起了轰动。但是，人们发现蛇鹫常吃鼠和昆虫，就是没人看到过它捕蛇。

20 世纪 50 年代，一位自然学家终于发现了一个秘密：一天，他在观察蛇鹫时，突然发现有一条 120 厘米长的眼镜蛇爬向蛇鹫。蛇鹫发现了，就与蛇开始“外围作战”，最终毒蛇葬身鸟腹。

蛇鹫是长翅膀的沙漠王者

知识点

火烈鸟的分类

火烈鸟的分类问题是鸟类学的一个著名难题。简单来说，在分类学家眼中火烈鸟似乎是一个由一部分鹳的结构和一部分鸭子的结构拼接而成的怪物，所以主张把火烈鸟划为鹳形目的分类学家和划为雁形目的分类学家都能找到自己的依据。比如说：火烈鸟的骨盆结构和肋骨构造和鹳类类似，火烈鸟的卵白蛋白质跟鹭类接近。火烈鸟，尤其是幼雏的行为跟雁形目非常像。火烈鸟成鸟长蹼，而且羽毛防水，这都跟雁形目相同。此外连叫声两者都像！作为折中的分类方案把火烈鸟提升到目的层次，单立火烈鸟目。而分子生物学家通过 DNA 杂交实验研究发现，跟火烈鸟的 DNA 最接近的鸟类却是一类小型鸟类：鸻形目。

哺乳动物时代

BURU DONGWU SHIDAI

哺乳类动物是一种恒温、脊椎动物，身体有毛发，大部分都是胎生，并借由乳腺哺育后代。哺乳动物是动物发展史上最高级的阶段，也是与人类关系最密切的一个类群。

最早的哺乳动物化石是在中国发现的吴氏巨颅兽，它生活在2亿年前的侏罗纪。从化石上看，哺乳动物与爬行动物非常重要的区别在于其牙齿。爬行动物的每颗牙齿都是同样的，彼此没有区别，而哺乳动物的牙齿按它们在颌上的不同位置分化成不同的形态。此外，在动物界中只有哺乳动物耳中有三块骨头。它们是由爬行动物的两块颌骨进化而来的。

最初的哺乳动物都很小。在恐龙灭绝后哺乳动物占据了许多生态位。到第四纪哺乳动物已经成为陆地上占支配地位的动物了。

生物进化活标本：欧洲野马

有一个故事说：有一个王子在生日宴会上召集众马与狼群鏖战，双方伤亡惨重，最后一匹不朽的欧洲野马驮着小王子奔向东方。

在马类中，家马是现存数量最多的成员，它是欧洲野马的后代。欧洲野马被称为“欧罗巴牛仔”，它体形轻巧，四肢纤细，总体线条匀称和谐；体色鼠灰，略带橙黄。尾部和鬃部毛均为黑色，尾及鬃毛厚，冬毛长而柔软。整个造型超凡脱俗。有人称它为文雅之风格犹如阿拉伯纯种马。欧洲野马已灭绝一个多世纪，但作为现代马的原型，其血缘在各种驯养马身上代代相传。

欧洲野马

表面温文尔雅的野马其实性格相当暴戾。它的格斗技能超群绝伦。在中世纪的欧洲，民间常举行野牛格斗表演，后来有人别出心裁以野马与同类进行格斗表演，野马不俗的表现令人叹为观止，它常能杀败体重两倍于它的家马对手。

像所有的马科动物一样，野马善于奔跑，时速在60千米左右，脚力要比家马强很多。因而它在草原上的驰骋就像闪电一般快捷。

欧洲野马和今天的家马很相像，连牙齿的构造也是一样的，但欧洲野马身躯不大，远没用现在的家马大。在夏季，欧洲野马常十几只结成一群，由一匹雄马率领，在草原上漂泊漫游，寻觅野生植物吃。每到傍晚，便去湖边饮水，并在附近休息。冬季，它们要做季节迁徙，在冰天雪地里以雪解渴，挖掘雪下的枯草和苔藓充饥，它们有着很强的耐饥渴性。

在草原上，对欧洲野马构成威胁的动物要算是野狼了，但狼常常会成为野马的手下败将。野马迎战野狼，一般会排出一个固定的阵形。母马围成一圈，将幼马保护在中间，由种马打头阵，冲锋在前。牙齿和蹄子是野马的防身法宝，它们虽不锋利，却极有力量。曾有一个饲马员用一条狼狗去挑战马群，最后，那条可怜的狼狗被种马撕咬掉了臀部。

野马从6000万年前进化到现在，成为地球上惟一存活的野生马种，是生

欧洲野马善于奔跑

物进化的活标本。

从19世纪初开始欧洲野马种群开始衰退，数量也在急剧减少。衰退的原因主要是猎杀、草原被大面积开发、野马混人家马群导致血缘纯度下降、基因变异等。

1876年，欧洲野马的野生种群在乌克兰灭绝。1880年，最后一只人工饲养的欧洲野马也死于俄罗斯的莫斯科动物园。

欧洲野马最后走向灭绝，是整个欧罗巴的不幸，也是人类的一场灾难。

离开人类300万年的大地树懒

2002年，20世纪福克斯影业公司制作的故事片《冰河世纪》在全球上映获得可观的票房收入。影片描述了这样一个故事：在冰川的蛮荒时代，因为一名突如其来的人类弃婴，让三只性格迥异的动物不得不凑在一起，尖酸刻薄的长毛象、粗野无礼的大地树懒以及诡计多端的剑虎，这三只史前动物不但要充当小宝宝的保姆，还要历经冰河与冰山各种千惊万险护送他回家……

大地树懒

大地树懒又称巨型树懒，是一种习惯在陆地生活的树懒科动物，一般栖息在美洲中南部的热带地区。它们身躯高大，行动缓慢，能直立行走。由于大地树懒离开人类已经300万年，故有关它的详细记录非常有限。

大地树懒小脑袋、小耳朵，短尾巴像是有些退化，不能直立行走。大地树懒依靠在树干上，或者倒挂在树枝上，绝少下到地面上来。

大地树懒终生依靠在树上

1831年，达尔文随英国“贝格尔”号军舰到南美洲进行一次不寻常的环海考察。1835年9月15日，达尔文在加拉帕戈斯群岛登陆。这是一座以动物命名的群岛，意为“巨龟”。达尔文对这个无人居住的群岛的最初反应是令人沮丧的。可“贝格尔”号围绕着群岛航行了一个月，在一个又一个岛屿上作了停留。达尔文对自己所见到的一切日益入迷，群岛孕育着许多神秘的事物使他感到做一个博物学家的乐趣和迷惘。

大地树懒的神秘消失也使达尔文感到迷茫。尽管大地树懒在冰川期末期的灭绝几乎是一个不争的事实，但如何解释它的消失却是个难题。许多科学家怀疑是人类的到来使这些动物陷入绝境，因为像树懒这种行动缓慢、反应迟钝的动物面对超级肉食者——人类来说，很少有幸存的可能。但是包括达尔文在内的许多科学家都认为，事件可能不会那么简单，在辽阔的美洲草原，人和自然的力量相比显得那么微不足道。

大地树懒能直立行走

在19世纪，有关大洪水的解释普遍流传。根据《圣经》所述，由上帝降赐的这场洪水是为了惩罚邪恶的世界。在洪水中，世界上大部分生灵都在诺亚方舟中得到拯救，而大地树懒和其他一些动物就没有那么幸运了。它们被洪水吞噬，这些物种也就灭绝了。

知识点

冰川期

冰川期是指地球表面覆盖有大规模冰川的地质时期。两次冰期之间为一相对温暖时期，称为间冰期。地球历史上曾发生过多次冰期，最近一次是第四纪冰期。地球在40多亿年的历史中，曾出现过多次显著降温变冷，形成冰期。特别是在前寒武纪晚期、石炭纪至二叠纪和新生代的冰期都是持续时间很长的地质事件，通常称为大冰期。

冰川时代的霸主：剑齿虎

清晨，森林很安静，阳光轻柔地透过枝叶洒入林中，动物们大部分都刚从睡梦中醒来，一切显得那样平和。但这平静随着一阵巨大的啸声而被打破，森林渐渐被紧张的气氛所笼罩。动物们都停止了脚步，大家都知道这啸声的来源凶猛无比，力大无穷。保护自己的惟一方法就是逃走，于是，大家聚到一起拼命地奔逃。它，巨大啸声的发出者，就是世界上极为凶猛的食肉动物——剑齿虎。

剑齿虎

剑齿虎经常被误认为是长着獠牙的狮子，其实两者大不相同。剑齿虎的体重是现代狮子的两倍。它的后腿和尾巴非常短小，更像是一只体格健壮的灰熊。

剑齿虎笨重身躯表明，它是个孤独的伏击杀手。剑齿虎最引人注意的就是它的一对獠牙，它是如何利用它们捕杀猎物的，对此，人们却知之甚少。

一百多万年来，一直占据统治地位的剑齿虎却突然不得不面对灭绝的危险。拉布里亚沥青坑的化石显示，那场灾难威胁到了许多物种。许多动物都和剑齿虎一样遭到了灭顶之灾。

在冰河时期，这里曾是一片森林，而且气候比现在都要寒冷、潮湿。当时索诺拉沙漠的大部分地区都是被松树、桧树和橡树覆盖的森林。那时，松树林和橡树林正逐渐消失，地球环境发生了巨大变化，并一直持续到了今天。

所以，从那时候起，美国西南部以及加州南部就变得越来越热，气候也越来越干燥，原来的植被逐渐被沙漠植被所取代。

剑齿虎复原图

气候变化后，北美羚羊、野牛为什么能够留下来？植物的变化是否与剑齿虎等食肉动物的灭绝有关呢？

在北美，虽然这里的长毛象、乳齿象还有马都消失了。但是其他动物，例如北美羚羊、野牛等许许多多动物都活了下来，而且不断地繁殖、扩张，非常适应新环境。

500年前，直到西班牙征服者的到来，北美才又出现了马群。科学家们通过观察马的粪便，发现它们里面的植物纤维粗了许多。这说明，与马这些只有一个胃的动物相比，反刍动物，例如水牛，能从植物中吸收更多的养分。随着植物种类和营养价值的改变，反刍动物在演化过程中似乎确立了先天优势。

当一个地区的植物种类发生变化时，很可能会引发某种危机。于是，那

剑齿虎模拟复原

些像野牛一样能够充分吸收营养的动物就活了下来，而那些能力稍差的动物就只有死路一条，例如马。

野牛数量增加了，而以野牛为食的剑齿虎为什么却灭绝了?

对剑齿虎来说，野牛数量的增加并没有给它们带来好运。尽管剑齿虎生来就是伏击高手，但在干燥空旷的大地上，可供隐蔽的地方不多，剑齿虎空有一身伏击技巧却很难有用武之地。它必须追捕猎物，但速度又跟不上。

对剑齿虎而言，大型野牛群的增加进一步削减了它们的生存几率。随着时间的推移，剑齿虎的许多猎物都消失了，很难再找到独居的攻击目标。大部分动物，例如野牛都会成群生活，寻求保护。

所以，尽管眼前有许多猎物，对于伏击猎手，想得到这些美味却是困难重重。就这样，天生的突袭和捕杀高手陷入了困境，不得不退出了历史的舞台。

猛犸象

一百多年前，在寒冷的西伯利亚有两个猎人在追踪一只麋鹿的足迹。可是，按照足迹他们并没有寻找到麋鹿，却意外地发现了一具巨大的动物尸体。

这个庞然大物的形状非常怪异，身上长着长毛，一对长长的且卷曲的大牙肆无忌惮地伸出嘴外。这显然是一头怪异的大象。因为它身上长着长长的毛，因此人们就叫它长毛象，也就是我们现在所说的猛犸象。

俄国科学家闻听此事后，专门派出专家对这头大象进行研究。科学家看到猛犸象的四肢完全掩埋在冰雪之中，只有一个巨大的头颅昂然挺立于空中。为了把这头冻结在地底下的庞然大物挖出来，他们在它的周围搭起了一间木屋，用两具炉子给木屋加温。随着温度的升高，猛犸象的身体慢慢变软，皮毛开始分离，内脏也显露出来，并发出阵阵恶臭。

猛犸象

猛犸象是生活在大约30万年前到1亿年前的一种大型动物，也是一种适应寒冷气候的动物。它的背部有很长的毛，长毛下面还有一层绒毛，皮下脂肪非常厚。猛玛象的头颈部分还有高耸的大驼峰，可以储存大量的脂肪，这些都是对生活在冬季寒冷、食物较少的地区的适应。

这头发现于西伯利亚冻土中的猛犸象，尽管死去已有2万年之久，但它的皮毛甚至是血肉都是新鲜的！为什么会这样呢？

关于猛犸象的鲜肉是怎么保存下来的，一直是个谜，有关它的死因更是众说纷纭。

有人说，这是猛犸象在觅食时不小心掉下悬崖摔死的，最后被“天然冰箱”冻藏起来，所以能历经万年而保持新鲜。但是人们发现，猛犸象生活的西伯利亚地区在万年前根本就没有冰川。

猛犸象复原图

又有人说，这头猛犸象是由它生存的上游冰川失足坠入河中，顺流而下到下游河边并被埋藏淤泥里。这也是说不通的，因为这头巨象并不是在河边找到的，而是在距离河很远的地方找到的。最重要的是，它们死亡时所保持的是站立或半跪的姿态，由此可见它是瞬间死亡的。

食物冷冻专家则说，像西伯

猛犸象有许多未解之谜

利亚这样的气候，绝不可能速冻古象，因为它太庞大了。要想使它速冻，必须要在零下100℃以下的温度才行。但我们人类所居住的地球，还从未有过这样的低温！更何况，这头大象的毛发里还藏有在温暖湿润的环境下生长的金凤花。在阳光下悠闲地吃着金凤花的猛犸象，突然被严寒当场冻死，这是现代科学无法解释的。

还有人推测说，这头猛犸象正在西伯利亚的冻土地带吃草时，寒冷的狂风突袭了它，并且这种温度极低的狂风，就像冰箱中的冷气一样，瞬间包围住它的全身，使它的内脏立即冻结，血液也全部冻成冰。几秒钟的时间内，它就死亡了。由此它变成了坚硬的塑像，年复一年地沉入地下。

然而，很多科学家都不同意这种观点，因为如果真有那样的狂风的话，那所有的动物甚至包括整个地球都被毁灭了。

这头古老的猛犸象的肉为什么能保持万年新鲜不变，现在还是个谜。

乳齿象：远古的独眼巨兽

美国作家爱伦·坡在《催眠术的启示》一书中，描写一群探索者在海岸上发现了正在看守一群乳齿象的亚当以前的巨人。这使一部分人在很长时间都置身于爱伦·坡创造的环境中，而另一部分人则迷恋于更古老的传奇故事。

约在5000年前，古希腊水手在意大利西西里岛上的一个山洞里发现一大堆像巨人骨头的巨大骨骼，因为骨骼上只出现一个恐怖的眼眶，他们把其称之为可怕的“独眼巨妖”。希腊人由此相信，在西方住着一个独眼巨人。这个故事后来又在希腊神话中得到证实。

乳齿象

希腊神话中说，居住在西西里岛上的三位风暴之神——雷神、电神和霹雳神，它们都属于巨人族，特征是“独眼”，只有额头正中有一只眼睛。这些独眼巨人曾被囚禁于塔尔塔罗斯（冥府下面的深渊）之中，在后来的传说中成为三位出色的铁匠，帮助火和锻冶之神赫菲斯托斯锻造神器，相传宙斯手中的闪电就是由这三位巨人铸造而成的。在最初的神话中它们是奥拉诺斯的儿子，后来逐渐演变为海神波塞冬的儿子，最终脱离神的体系成为一个单独的独眼巨人族，这个种族的特点是粗野，喜食人。

荷马的《奥德赛》里也有相关的故事，不过所描述的巨人不在西西里，而是在那不勒斯。《奥德赛》中这样说：

“我们来到独眼巨人的土地上，这些巨人不必受法律的约束，却信仰不朽的神祇，从来不种植，不耕作。我们来到附近的村子，看到海边岬角处有一个桂花树覆盖的岩洞。

那里关着许多家畜，包括绵羊和山羊。四周有石头嵌入土中，叠成高墙，还长着挺拔的松树和枝繁叶茂的橡树。洞旁躺着一个巨人。他独自远离众人，在放牧绵羊，他僻居一隅，不常和邻居来往，不知道任何法律。这是一个妖怪巨人，不像吃面包的凡人，而像一座树木蓊郁的高峰，孤立于群山之中。”

乳齿象被描绘成“独眼巨人”

有好几个世纪，人们对独眼巨人深信不疑。后来更多的人在西西里岛上找到了“独眼巨人”的骸骨。随着岁月的流逝，“独眼巨人”之谜终于被解开。

生物科学家认为，在数百万年前存在过的“独眼巨人”其实是一种食草动物，它长着一对安详的小圆眼，那个神秘的巨人“眼眶”其实是它们生前的一只长鼻子。这种动物就是乳齿象。

乳齿象的体形大小与家猪差不多，生活习性则近似河马。身体结构比较原始，并不特化，尚未出现大的象牙和长鼻，但有向大象牙发育的趋势，鼻子也比其他动物的略长一些。

乳齿象存在于大约 2.5 亿年以前，但在 1 亿年前却突然消失，现代的古生物学家们对这一奇怪现象一直百思不解。

幸存的远古动物：大熊猫

大熊猫是世界上最珍贵的动物之一，属于国家一类保护动物，称为“国宝”。它不但被世界野生动物协会选为会标，而且还常常担负“和平大使”的任务，带着中国人民的友谊，远渡重洋，到国外攀亲结友，深受各国人民的欢迎。

在动物进化史上，大熊猫是佼佼者，在生存竞争中，大熊猫是成功者。

大熊猫

早在 800 万年前，在中国南方的热带潮湿森林的边缘，就生活着大熊猫的祖先——始熊猫，这是一种由拟熊类演变而成的以食肉为主的最早的熊猫，个体犹如一只较肥胖的狐狸。时间又过了 500 万年，由于气候的变迁和环境的变化，大熊猫也发生了巨大变化。体型只有现在大熊猫的一半大，像一只胖胖的狗，其化石被定名为大熊猫的小种。这时，它已进化成为兼食竹类的杂食兽。到了大约距今 7000 年前，大熊猫就变得只吃竹子了。

大熊猫被称为“国宝”

性情温顺、姿容可掬、行动逗人喜爱的大熊猫是人们最喜爱的野生动物之一。大熊猫身体胖软，头圆颈粗，耳小尾短，四肢粗壮。特别是那一对八字形黑眼圈，犹如戴着一副墨镜，非常惹人喜爱。大熊猫的祖先是食肉动物，现在却偏爱吃素，主要以吃箭竹为生。有时，它也会开一次“斋”，捕抓箭竹林里的竹鼠美餐一顿，甚至大摇大摆闯入居民住宅，偷吃食物。

大熊猫没用固定巢穴，它们通常是边走边吃。它们喜欢单独活动，四处悠荡，走累了就在大树下或竹林内卧睡。视觉较差，行动缓慢，但能快速而灵活地爬上高大的树木，并能泅渡湍急的河溪。

大熊猫性情温顺

大熊猫长期生活在中国西部的高山深谷稠密的竹林丛中，过着神秘的“隐士”生活，而且还常常做一些令人捧腹的傻事——喝水喝到醉倒。原来，大熊猫在喝水的时候，看到自己在水中的倒影，还以为又来了一个同伴跟它抢水喝，于是就拼命地喝起来。喝着喝着，自己就被胀得昏昏沉沉的，就像喝醉酒一样，是不是傻得可爱呢？

尽管大熊猫过着与世无争的“隐士”生活，但在它的栖息领域里，还是有一些与它们为敌的动物，如金猫、豹、豺、狼、黄喉貂等，但是它们主要是袭击大熊猫的幼仔和病弱年老者，因为年轻体壮的大熊猫仍不失食肉祖先的凶猛，遇强不弱，令敌害生畏。

大熊猫有“活化石”之称

大熊猫的古代名称有貘、白豹、虞等。在 200 多万年前的更生世早期到 100 万年前的更生世中晚期，大熊猫已经广布于我国南半部，组成了大熊猫——剑齿象动物群；今天该动物群的许多种已经绝灭，而大熊猫却一直活下来，所以大熊猫有“活化石”之称。尽管大熊猫经过漫长的历史发展而能够生存到今天，反映了它具有顽强的生命力。但是，由于受历史发展因素的不利影响，它目前已处于一种濒危状态。

大熊猫是中国特有珍稀动物，濒临灭绝。当然，大熊猫要继续生存下去，还必须有人类的真诚爱护和精心管理。

神圣的物种：犀牛

马丁·弗罗比歇是英国第一个探测北冰洋的航海家。大约 600 年前，他率领船队去寻找西北航道，没想到三艘船中最小的一艘在大西洋的大浪中沉没，而另一艘船也在风浪中被冲散，弗罗比歇的“加布里埃尔号”只好独自航行。为了躲避暴风雨，弗罗比歇船队驶进了巴分岛东南的一个海湾。在这里，船员们发现了一条很大的死“鱼”，嘴部长着长长的独角。他们认为自己可能看到了传说中的独角兽。其实，这根本就不是什么独角兽，而是犀牛。

犀牛有五种，但他们都是动物中珍品。中国也有一种犀牛，由于它们生长在中国南方接近水源的丛林山地地区，因此称为中国犀牛。

犀牛在中国古代就是一个神圣的物种。认为它有“天文之像”，故称“望

中国犀牛

月之犀”。在中国家喻户晓的《西游记》中说：“它的名色亦多，有兕犀，有雄犀，有牯犀，有斑犀，又有胡冒犀，坠罗犀，通天花文犀，都是一孔三毛二角，行于江海之中，能开水道。”

中国古人用“犀牛”的谐音“喜牛”来表示大吉大利。中国晋朝的乔家大院有一座犀牛望月镜，关于这面镜子还有一个传说：传说犀牛是天上的一位神将，受玉皇大帝旨意，给下界传达：一日三餐三打扮，结果说成一日三餐一打扮，因而被逐下天界。由于它非常思念天宫的生活，于是一到晚上的时候，便抬头望月亮。后人为了纪念它，做了这样一面镜子，所以才称为“犀牛望月”。镜子上面是个圆形镜面，代表月亮，中间是祥云，底座是一头犀牛。

中国还有“灵犀”一说，说的就是犀牛的独角。因为在中国古时的传说中，犀牛的独角中有条白纹，从角端通向头脑，感应灵敏。中国诗人李商隐诗“身无彩凤双飞翼，心有灵犀一点通”是最好的例证了。另外，中国皇帝还把犀牛角雕成精致珍玩，以之象征帝王的权威和尊严。

中国犀牛全身有铠甲一样的厚皮

最古老的犀牛化石是在5500～3600万年前的地层中挖掘出来的，这种最早的犀牛与现代貘类的大小差不多，作为祖先的森林犀牛在欧洲曾广泛存在过，个体很小而且会奔跑。

大型的犀牛是在经3600～2500万年前才出现的，在2500～

1200 万年前，出现了单角犀牛的祖先，其后到了约 300 万年前才有双角犀牛出现。

中国犀牛相貌丑陋但不伤人

中国犀牛有许多独特的外貌特征，异常粗笨的躯体，短柱般的四肢，庞大的头部，全身披以铠甲似的厚皮，吻部上面长有单角或双角，还有生于头两侧的一对小眼睛。

它们虽身体庞大，相貌丑陋，却是胆小不伤人的动物。不过它们受伤或陷入困境时却异常凶猛，往往会盲目地冲向敌人，用头上的角猛刺对方。它们虽然体型笨重，但仍能以相当快的速度行走或奔跑。

中国犀牛的消失主要是因为人类对珍贵的犀牛角的觊觎。自私的人们把犀牛角当成珍贵的药材，同时也将它与象牙一样用来雕刻制成各种精美的工艺品。

这样，犀牛遭到了狂杀滥捕。经过如此的疯狂捕杀，到了 20 世纪初，犀牛在中国已所剩无几。1922 年之后，没人在中国再看到任何一种犀牛。珍贵犀牛由此灭绝，其神异也不复存在了！

知识点

犀牛的分布

所有的犀牛都生存在非洲和亚洲温暖区。白犀牛和黑犀牛都生活在非洲的大草原。黑犀牛过去生活在撒哈拉沙漠南部的非洲地区。如今它们却分散在非洲中部，南部和东南部。白犀牛主要生存在南部非洲，只有一小部分在非洲中部和东部。而爪哇犀牛则以茂密的东南亚热带雨林为家。它们过去生活在从由中国西南到孟加拉再到印尼的大片地区，如今只能在越南和印尼的爪哇岛发现它们的踪迹。而苏门答腊犀牛也只剩下小部分生活在马来西亚半岛和印尼的苏门答腊。印度犀牛则生活在印度和尼泊尔的保护区，而独角犀牛生存在沼泽丛林。

古老的神兽：美洲虎

这是一个祥和的夜晚，大自然也在沉睡。猎人用力吹着葫芦，那圆润、震颤的乐声让人不禁肃然起敬。

在亚马孙河流域，膜拜仪式在当地“卡布罗拉文化”中占有一席之地。仪式中的它们，虽然吃掉了人们饲养的许多牲畜，但出于对它们的智慧和力量的崇拜，它们还是成为人们信仰的支柱，也占据了文化和传说的核心。21世纪的巴西人对神兽仍念念不忘，许多城市仍像从前一样祭拜它，它就是美洲虎。

那时候的美洲虎就隐没在这茫茫的亚马孙丛林中。它们饥饿时就仰面躺倒，搜寻猎物也需要一定的技巧和果断。捕吃活鱼也许更有利健康，同时，捕鱼也充满了乐趣。美洲虎有时会连续在水中玩要几个小时，在雨中或水塘深处的玩要确实是十分动人的场面。

美洲虎

小美洲虎刚六个月大的时候，就开始学习游泳了。它的姐姐想跳到水里，但又有些犹豫。小虎两岁以前都会和妈妈在一起。它们玩起来就像顽皮的小猫，又像是体表有斑点的美人鱼。除了玩要，它们还要觅食。它们用爪子拍水，这样鱼儿就会受到惊吓，从而慌不择路，最终成了美洲虎的美餐。

夜晚，美洲虎的视力是人的六倍。在热带丛林的中央，它们总是静悄悄地、小心翼翼地靠近目标。美洲虎的牙齿和狮子一样，但它们的咬合力却大得惊人，甚至比堪称“非洲丛林之王”的狮子还要大。它会直接用牙齿咬穿动物的头骨而将猎物置于死地，强大的杀伤力使它在美洲猫科动物中出尽风头。

美洲虎是凶猛的动物

美洲虎是凶猛的动物，虽然在人类历史的早期曾与人类有过冲突，但却被亚马孙地区的人们所接纳。它们已不仅仅是猫科动物，还是人们的亲密朋友，成为人类生命的一部分。这些人类的朋友虽然危险，但却被公认是智慧的化身。

巴西是美洲虎的故乡，亚马孙像是一座生物的宝库和自然的天堂。随着岁月的流逝，在这里，时间和美洲虎共同演绎的自然界的美丽早已被打破。

美洲虎在地球上生存已有200万年，无论在哪里，它们总是选择靠近水源的地区生活。随着人口数量的不断增加，大片森林被毁，狩猎活动使美洲虎的物种不断下降。现在，亚马孙河流域的美洲虎数目已极少，甚至已经绝迹。

知识点

亚马孙河

亚马孙河：亚马孙河位于南美洲，是世界流量、流域最大的、支流最多的，及最长的河流。亚马孙河流量比其他三条大河尼罗河、长江、密西西比河的总和还要大几倍，大约相当于7条长江的流量，占世界河流流量的20%；流域面积达6915000平方千米，占南美洲面积的40%；支流数超过15000条。

进化史上的几种珍惜猴类

拳击狐猴

马达加斯加岛位于印度洋的莫桑比克的东面。2000多年前，人类首次从亚洲和非洲移居于此，从此对这里造成了深刻的影响。马达加斯加的独特的历史似乎可以解释它不同寻常的丰富物种——大约有20多万种动植物，马达加斯加的很多动植物，包括小型食肉动物和大约30种狐猴在内，这些都是地球上的其他地方所没有的。

拳击狐猴

白足鼬狐猴素有“拳击狐猴”之称，属于最为低等的原始猴类。到现在已经进化近3000万年，可以说它们是进化最慢的灵长类。灵长类动物和其他哺乳动物有着很大的区别：它们都有一个很发达的大脑，具有用“手”指抓东西的能力，即它需要一个与其他手指分开的大拇指；具有跳跃的能力；眼睛位于面部的前方而不是两侧；指尖上是指甲而不是爪子。这些特点就和人一样，因为人也是灵长类动物嘛！

白足鼬狐猴体长和一只成年猫一样大，尾则稍短，背毛为黄褐色，腹部偏淡，四足却是白色，因此得名白足鼬狐猴。

鼬狐猴为夜行性猴类。白天，天气很热时，它们都躲在树枝荫凉处睡觉，夜晚出来觅食。区别于多数夜行动物的是，鼬狐猴不吃昆虫等动物性食物，而是以树叶、花蕾等植物为主食。在马岛，它们是最耐贫瘠的一种猴，其食物中，大多数是植物的粗纤维，对仙人掌类植物都予采食；更有甚者，对自己排泄的粪便还要二次摄取，因为，第一次吃进的纤维，经盲肠分解的营养物质很快排泄出来，只有第二次食入，才能把这些含蛋白质的营养成分充分地吸收。为了适应环境，合理利用这来之不易的能量，鼬狐猴采用较为经济的垂直树跳方式运动于林间，精确地判定所走路线，从不轻易走出其赖以生存的觅食领地；在树上跳跃时，双腿齐蹦做猝发式推进，突起突止而无出汗和喘息现象。每只雄猴与两三只雌猴为邻，各有领域。

拳击狐猴到现在已进化 3000 万年

白足鼬狐猴的生活范围非常狭窄，从不轻易走出赖以生存的觅食领地。不过这并不意味着它懒惰或行动迟缓。相反，它的动作十分敏捷且善于跳跃。另外，它们以视觉传递信号，如遇见来侵犯的动物，双方会怒目而视，以纵马弯弓之势相威胁和抗衡。当一只移动一下位置时，另一只也会如法行事。这种“以眼还眼”的视觉方式宣告领土所有的行为，在灵长类中实属罕见。如果相互间侵占领域达到高潮时，它们还会大打出手，像拳击手那样击打对方，因此，白足鼬狐猴又有“拳击手”之称。

虽说白足鼬狐猴有拳击手之称，但它们的“拳头”并没能阻止人类的恶劣行径。16 世纪欧洲殖民统治者进入马达加斯加岛，开始肆无忌惮地猎杀各种野生动物，并且还随意大量砍伐森林，这给白足鼬狐猴以致命的打击。由于大量捕杀及失去了生存环境，白足鼬狐猴越来越少。当进入 20 世纪，人类开始想要保护马达加斯加岛上这些独有的珍稀野生动物时已晚了。不知何时，它们已经无声无息地全部灭绝了……

金丝猴

世界上鼎鼎有名的金丝猴，是中国特有的珍稀动物，被列为国家一级重点保护野生动物。由于它身披金灰色或金黄色的柔软长毛，仿佛穿一件金黄色的“披风”，故获得了金丝猴的美名。金丝猴还有一个很典型的特征是脸庞呈蓝色，面型纯朴和蔼，所以又称为“蓝面猴”；此外还长着一对朝天翘的鼻孔，所以又得了个“仰鼻猴”的美名。这个朝天长的鼻子给它增添了几分憨厚稚气的神情，使得它更惹人喜爱。金丝猴还长着一根很长的尾巴，便于它在陡峭山崖的林间跳跃时起平衡作用。

金丝猴

金丝猴是一种主要在树上过群栖生活的猴子，偶尔也到地面活动。冬天虽然山上积雪很深，但它们身上长着的浓密体毛足以御寒。猴群由几十只或几百只组成，群内老幼雌雄都有，过着有秩序的社群生活。猴群由身体强壮的雄猴担任首领，称为“首领猴”或“中心猴”，首领猴对群体的活动起支配和指挥作用。猴群在活动、觅食时，首领猴在树顶层进行警戒。当出现敌害或异常情况时，首领猴发出惊叫声，猴群听到警告信息后，立即停止喧闹，密切注视事

金丝猴觅食

态的发展。它们有的紧靠着大树干，有的利用细枝、树叶遮掩自己的身体。一旦敌害逼近时，首领猴立即率领猴群，分成小群，以惊人的速度迅速撤离。等到事态平静后，林间十分寂静，首领猴发出一声长鸣，其他群猴发出回答信号，逐渐汇合，然后再按照原来的攀援路线继续前进。猴群在行进途中，总是年轻力壮的雄猴领头和压阵，让那些老猴和带幼猴的母猴安全地待在中间。

金丝猴是敏捷的灵长动物

金丝猴是一种聪明、机灵、敏捷的猴子，它们能爬树，善跳跃，常常先摇动一根树枝，然后借助树枝的反弹力，一跃就是十几米。有时候它们以“荡秋千”的方式攀援飞跃，行速极快。

金丝猴“夫妇”对儿女更是百般疼爱，整天将幼仔抱在怀里，即使小猴儿想下地玩一会儿，母猴也要揪着它那长而细的尾巴不让远离。一有动静，就随即将小猴拉回紧紧搂住。雄猴则挺身向前，摆出一副“家长”神气和誓与来犯者相拼的架势。而小猴儿倒似有点不在意，它一边摇着小脑瓜，一边唧唧吱吱叫个不停，以此表示对“父母”对自己过分娇宠的不满情绪。

当刮风下雨天冷时，猴“夫妇”就相互搂抱着坐在一起，将小猴儿夹在中间取暖、喂奶。天气暖和了，全家又在森林里奔跑、取食、嬉戏，互相拨弄着金丝般的长毛捉“虱子”。小猴儿那“蛙式跳跃”，直立行走，骑在大猴背上跑来跑去的滑稽动作，真是既可笑又可爱。

金丝猴是深受中国人民和世界人民喜爱的珍稀动物，必须进一步加强对它们以及它们生存环境的保护，使这一珍稀动物能在地球上世世代代繁衍下去。

白臀叶猴

在《西游记》中，我们都看到过美猴王的故事。其实，《西游记》中的

白臀叶猴

美猴王就是白臀叶猴。

大约100多年前，中国曾在海南岛获得过白臀叶猴的皮。这只惟一的标本在德国的国家自然博物馆存放了11年后才被公布出来。100多年来，不仅从来没有采到第二只白臀叶猴的标本，而且在海南岛再也没有发现过它的任何踪迹。

白臀叶猴因其雄性臀部具有三角形白色臀斑而得名，它是世界上最美丽的猴子之一。它又叫黄面叶猴、海南叶猴。

白臀叶猴的体色绚丽多彩，它除了黄面之外，臀部、肛门及尾巴均是白色，面颊有一圈白须毛，眼睛为深褐色，周围有黑圈。颈部有白色和栗色的条纹，下颌有红褐色的簇状毛，手和足均为黑色，体毛大部分是灰黑色。

白臀叶猴主要栖息在热带森林，为昼行性完全树栖的猴子，并常在树林冠层活动，几乎不下地，也不喝水，主要以树叶、嫩芽和果实为食。它们善于跳跃，且动作优雅，跳跃中前臂伸过头顶，后肢先着地，一纵可达6米远。

研究人员对食性特殊的白臀叶猴进行了深入的研究，发现它和其他猴子喜食水果和昆虫不同，白臀叶猴主要以树叶为食，也吃水果、花朵，舔食树叶上的露珠，从不捕食昆虫，是名副其实的“叶猴”。这种猴子的消化方式和牛羊相似。

白臀叶猴体色绚丽多彩

白臀叶猴是群居而生，每个群体为一雄或几雄多雌。每个群体约10只，有时也可见若干小家族临时聚集起来的大群，它们的合作精神令人类羡慕。在群体中常可见到雌性为雄性理毛，这种行为对联络个体间的感情，维系群体成员关系起着非常重要的作用。白臀叶猴成熟年龄较晚，繁殖率也低，每次只产一仔。

白臀叶猴以树叶为食

叶猴起源于欧洲，它们的祖先从欧洲经非洲再到亚洲，首先进入东南亚地区，然后沿着河谷或低地进入我国华南和西南一带具有热带岩溶地貌的亚热带森林，即在目前的分布区生存繁衍，形成优势种群。这个过程发生在大约距今 300 万年前。

中国的海南岛地域狭小，那里的白臀叶猴行动诡秘，且数量一直不是很多，因此，很长时间以来，白臀叶猴一直不为人们所知。直到 1893 年 12 月 20 日，德国德累斯顿自然博物馆的一个人，给伦敦动物学会写的一封信中，才第一次记述了海南岛有白臀叶猴的存在。他在信中说，他们收到了一只白臀叶猴的标本，是 1882 年在中国海南岛捕获的。

人类进入 19 世纪后，海南岛上的居民不断增多，为了种植庄稼，人们砍伐了大量的热带雨林。白臀叶猴的栖息地在这里逐渐缩小，迫使它们无家可归，导致它们灭绝。

白臀叶猴行动诡秘

1882 年德国德累斯顿自然博物馆的那个人的记述也成了最后的一次，因为从那以后至今已过 100 多年，还未见到过第二只。近几十年，我国动物学家们也在海南岛进行过多次资源普查，可惜的是，再也没有发现过白臀叶猴的踪影。所以有人怀疑它们早已灭绝了，并且德国自然博物馆的那一只可能就是最后一只。

指 猴

大约100年前，有一个叫陀娃的女孩参加完朋友的生日宴会，匆匆忙忙往家赶。在这之前这里已经传出附近有“幽灵”出没的消息，朋友劝她不要回去了，她有些不信，坚持要回去。一路上陀娃的心怦怦直跳，非常紧张，嘴里不断地祈祷：千万别遇到“幽灵”，千万不要……

指 猴

谁知越不想遇到，偏偏会遇到。陀娃看到前面树丛中有一个黑影闪动，接着一只奇怪的东西突然出现在她面前的不远处，拦住了她的去路。陀娃看到那东西有一只闪着绿光的眼睛，就像猫头鹰一样大。陀娃又往前走了几步一看，它长着跟蝙蝠一样的耳朵，浑身是毛，嘴里发出瘆人的叫声。它就这样一动不动地死死地盯着陀娃看。陀娃吓得两腿发软，大叫着：“幽灵!”

“幽灵”慢慢移动身体，走向森林深处……

指猴面部丑陋

陀娃哭喊着奔回到家，当晚便神志不清，发起烧来。

看到“幽灵”的不止陀娃一个人。在马达加斯加，只要夜间靠近森林就能看到它的出没。后来，人们才知道，这是一种灵长类动物——指猴。

不了解指猴的人都认为它们很小，能趴在人的手指上。其实指猴有猫那么大，全身长

指猴爱吃昆虫

着黑油油的毛，只在咽喉处有些黑白相间的杂毛，面部是黄毛和白毛组成的奇怪图案，一条狐狸似的尾巴滑腻粗圆。它的嘴巴尖翘如鼠。牙齿暴突，大大的头颅配了两个大大的耳朵，两个圆圆的眼睛发射出幽灵似的亮光，令人毛骨悚然。

它的最大特点是中指细长，如铁丝一样。指猴的中指堪称万能工具，可向任何方向转动，甚至能反转过来触及自己的前臂。这样的中指，不仅便于扣取树皮缝中的虫子，而且在咬完果壳后，还能用细细的指头掏取果肉，名字也因此而来。

指猴喜欢栖息在雨林中，夜间单独或成对出来活动，白天躲在树上睡觉。觅食时用它特有的手指抠树干中的虫卵，掏椰壳中果肉，钻取蛋壳喝蛋清，还吃一些树皮、竹子等。指猴轻轻沿着树干行走，鼻尖紧贴树皮，有所发现时停下来凝神观察，一旦确定有虫便挥牙掘咬，直至挖出隐蔽在树皮下的跻螬，然后伸出指头，将虫压扁填入口中。指猴只爱吃昆虫中的幼虫、小甲虫，特别是害虫，其习性颇似树木医生——啄木鸟。非常有趣的是，号称世界第四大岛的马达加斯加竟没有啄木鸟，其中一个原因想必是有指猴“出诊”，占据了啄木鸟的生态位。因此，指猴起到了啄木鸟的作用，是“树木的医生”。

指猴昼伏黑出

虽说指猴是一种非常有益于森林生态平衡的动物，但在马达加斯加岛，它却被当地人认为是一种不祥之物，就如同猫头

指猴被称“树木医生”

鹰在中国一样，这是因为它们的叫声难听。指猴的叫声凄厉，如同用金属刮玻璃一样难听的声音，在夜晚令人毛骨悚然。还有指猴体黑面灰，黄色的眼珠在夜色中发生神秘的幽光，行动时一跳一跳如同鬼怪，对人又有一定的好奇心。当地人认为如果指猴跳到自己的身上，便预兆死亡。更有人传言说，如果有指猴用长长的中指指着你，便预示着死亡。因此，当地人见到指猴就杀，并将指猴的尸体钉在木桩上，希望这样能够把厄运赶走。1966 年，两位法国生物学家最后收集到 9 只指猴并放养在马达加斯加东北方圆 5 千米的曼戈比岛。以后人们几次查找，一直没有再见到野生指猴的踪迹。目前，人们只能在一些动物园中才能见到指猴。

麋鹿：一度濒临灭绝的古老物种

麋　鹿

中国历史小说《封神榜》中所描写的姜太公的坐骑是“四不像”，你知道这个“四不像”是什么东西吗？它就是麋鹿。

麋鹿是一种长相很奇怪的动物：它的面似马非马，蹄似牛非牛，尾似驴非驴，角似鹿非鹿，故俗称“四不像”。它曾是一个繁盛的物种，也是中国的特产动

麋鹿又叫“四不像”

物。它雌性头上无角，雄性角的形状特殊，没有眉杈，角干在角基上方分为前后两枝，前枝向上延伸，然后再分为前后两枝，每小枝上再长出一些小杈，后枝平直向后伸展，末端有时也长出一些小杈；头大，嘴部狭长，鼻端裸露部分宽大，眼小，眶下腺显著。四肢粗壮，主蹄宽大、多肉，有很发达的悬蹄，行走时带有响亮的磕碰声；尾特别长，有绒毛，呈灰黑色，腹面为黄白色，末端为黑褐色。夏季体毛为赤锈色，颈背上有一条黑色的纵纹，腹部和臀部为棕白色；9 月以后体毛被较长而厚的灰色冬毛所取代。

麋鹿喜欢在温暖湿润的沼泽地带生活，嫩草和各种水生植物是它们喜爱的食物。雄麋鹿浑身是宝。麋鹿茸是上好的中药材。

大约从 200 万年前开始，中国辽宁以南的东部广大地区，是它们赖以生存的家园。但随着森林的破坏，麋鹿生存的地盘逐步缩小。

1865 年深秋的一天，一个叫让·皮埃尔·阿曼德·大卫的法国动物学家（也是一位神父）在北京南郊考察，看见了这种奇兽，满怀好奇，便在寒冷的夜晚用 20 两纹银买通了看守猎苑的卫兵，获得两张麋鹿皮和头骨。

麋鹿喜欢在温暖湿润的沼泽地生活

他把这些标本送到巴黎自然历史博物馆鉴定，发现它是没有做过科学记录的世界珍兽。兴奋不已的大卫立即把这些标本展出，引起世界震惊。从此麋鹿的英文名字叫做“大卫神父鹿”。

此后的十多年间，中国的麋鹿被英、法、德、比等国外交官和传教士或明索，或暗购，先后运出去很多头，分布养在欧洲各国动物园里供人观赏。由于1894年永定河发大水，冲垮了皇家猎苑的围栏，使许多麋鹿逃散。1900年八国联军入侵中国，使世上仅存的野生麋鹿群在中国的土地上消失。

目前，幸有少量存于欧洲，最后仅剩18头，被养在英国乌邦寺，经过一个世纪的养护，种群才得以恢复。1985年回归到北京南海子，中国麋鹿从1985年首批回归38头，被放养于北京南海子的千亩鹿苑后，逐渐繁衍壮大。至2001年初，已经达到1300只，麋鹿失而复得、重新引入的成功是向国际社会展示的中国保护野生动物的成就，它既是爱国主义教育的活的教材，也是向公众表达人与自然协调发展之可能性与必要性的重要范例。

驴的祖先：非洲野驴

埃塞俄比亚厄立特里亚东部的沙漠几乎常年不下雨，土壤中含有的盐分，使这里更加贫乏。这是一片荒凉的土地，几乎没有生物生存。

沙漠边缘丛生着一簇簇的灌木丛，每当夜晚来临，非洲野驴就在这里觅食。天刚亮的时候，它们就悄悄地离开了。它们在黎明时分最为活跃，因为这时的温度还可以忍受。

非洲野驴

早上八九点钟的时候，太阳就开始了强烈的照射，气温骤然升到50℃以上。非洲野驴就在这个时候走进茫茫的大沙漠。

非洲野驴是世界各地广泛饲养的家驴的祖先，它们通身都是浅红棕色，能够反射太阳的光热。肚皮是白色的，四肢带有黑色的条纹。这些特点是野驴的保护色，不会招来掠食者。体形和家驴无异，但耳朵特别大，并且行动非常灵敏。

非洲野驴之所以能在沙漠中生存，是因为它们的身体细胞能够防止脱水，并且在喝水的时候迅速补充水分。非洲野驴身体细胞的这种能力不仅使它们生活在难以想象的沙漠地带，也为它们提供了御敌的武器。

非洲野驴善于奔跑

尽管天气十分炎热，但野驴却能靠着迅速的奔跑能力躲过敌人，而且能够长时间的快速奔跑。非洲野驴的奔跑速度异常迅速，甚至狼群都追不上它们。

由于地球变暖，非洲气候越来越干燥，非洲野驴能找到的水源也越来越少。同时，由于野驴的“好奇心”所致，它们常常追随猎人，前后张望，大胆者会跑到帐篷附近窥探，给偷猎者以可乘之机。再加上一些人为的其他因素，非洲野驴已经濒临灭绝。

白狼与袋狼

梦幻之狼终成梦幻

狼起源于新大陆，距今约 500 万年。在人类兴盛以前，狼曾是世界上分布最广的野生动物。过去世界上有 30 多种狼。它们的皮毛多为茶色和暗灰色，只有一种是白色的，又被称为梦幻中的狼，生活在人烟稀少的纽芬兰岛的荒山上。

白 狼

白狼全身都是白色的，只有头和脚呈浅象牙色。在大雪中这无疑是最完美的保护色。有人把白狼美丽的白和柔美的身段加以诗意的想象，称它为“梦幻之狼”。白狼是狼中体型较大的一种，长得和藏獒很相像，有一颗巨大的头颅和细而柔美的身体。

狼到底是天然的居民还是凶恶的魔鬼？大多数人都会认同后者。因为在更多人的心目中，狼凶残、狡诈，是恶毒的形象。在大自然中，狼扮演了捕食者，而鹿、兔等一类动物则成了它的征服对象。因此，为了保护弱小的鹿，人们就对狼实施大捕杀。由于人们对狼的偏见，不仅使狼蒙受不白之冤，而且给包括鹿和人类在内的生态环境造成灾难性的后果。

狼凶猛，但很自律，是曾经的天然居民，纽芬兰白狼也是如此。白狼雌雄成双成对地生活，相亲相爱厮守终生。他们常常多个家族在一起生活，每个狼群中都有一定的等级制，每个成员都很明确自己的身份，因此相互之间，很少有仇恨和打架的行为。相反的，在围捕猎物和共同抚幼方面，还表现出一种友爱与合作的精神。从历史资料看来，它与生活在纽芬兰的加拿大土著贝奥图克人之间和谐相处。白狼与贝奥图克人和谐地生活在同一块地盘上由来已久，互无敌视，互不干预。这真让人大跌眼镜！

白狼凶狠，但很自律

1800 年，英国用“现代文明”的枪炮征服了纽芬兰，消灭了贝奥图克人，继而开始了对白狼的毒手。这是外来文明献给“魔鬼”的礼物！

白狼生活在加拿大土著人贝尔托克的领地内。英国政府曾悬赏贝尔托克的人头，到了 1800 年，贝尔托克族

加拿大的白狼

终于被消灭了。英国人下一个目标是白狼，因为白狼总是袭击他们的家畜。1842 年，英国政府又悬赏打狼。随着移民的不断涌入，白狼被追赶得走投无路，再加上白狼分布范围广，与人的冲突是无法避免的，这样人们更加憎恨白狼，一只只白狼被枪杀。人们还用投毒的方式一次害死了上百只白狼。人们在鹿的尸体中注入马荀子茧，放在白狼可能经过的地方，这样无论是公狼母狼还是狼仔都无法逃脱厄运。这种投毒方式不仅害死了白狼，别的野生动物往往也不能幸免于难。不久，白狼遭到毁灭性的打击。1911 年，世界上最后一只白狼被枪杀。

世界上的人们都害怕讨厌狼。其实它们和我们一样热爱家庭，成群结队互相帮助，生活在一起。20 世纪初北美地区还有 20 种狼，可是现在只剩下 7 种了，但愿剩下的狼能通过保护运动摆脱白狼的厄运！

非狗非鼠非虎非狼的袋狼

塔斯马尼亚岛位于澳大利亚的南面，那里是“世界的尽头”，大自然主宰着一切。它是澳大利亚最小的州，这里连绵的丘陵、山谷、高原、火山和陡峭的海岸，让人联想到帕姆帕草原和南非草原。

袋狼是澳大利亚的“四不像”

50 年前的一天，澳大利亚的两个渔民莫瑟和汤姆森又来到塔斯马尼亚沿海捕鱼。这里是他们常来的地方，海岸美丽的风景和丰盛的渔业资源吸引着他们。他

袋狼是一种很古老的动物

们像往常一样，在离海岸不远的地方搭起了帐篷。

天黑了下来，白天的疲劳使他们很快就进入了梦乡。朦朦胧胧中，汤姆森突然听到一种奇怪的声音——一只动物在翻弄外面存放鱼饵的篓子。

汤姆森忙把莫瑟叫醒，他们悄悄从床上下来。莫瑟随手抓起一块劈柴，在帐篷口向外观望。黑暗中，他们隐约看到篓子边有一只大野兽的影子。莫瑟一个箭步冲出去，抡起劈柴向野兽砸去。这只被惊吓的野兽瞬间便逃之夭夭。

第二天清晨，两位渔民在离帐篷不远的地方发现了一只受伤的雄兽。凭着多年的狩猎经验，他们断定这是一头袋狼。袋狼发现了他们，就马上跑掉了。这让他们很奇怪，因为他们知道袋狼在十多年前就已从塔斯马尼亚消失了。

这两位渔民为了证实这头野兽是袋狼，就将带血的劈柴送到动物专家那里鉴定。经专家鉴定，这些毛和血毫无疑问是属于袋狼的。然而他们却再也找不到这只来去匆匆的袋狼了。

袋狼主要捕食袋鼠和鸟类

塔斯马尼亚袋狼是一种很古老的动物，是塔斯马尼亚地区特有的动物，因而得名。塔斯马尼亚袋狼是一种很难以形容的奇妙动物。从它的头和牙齿来看，它的确是狼。可是，它的身体又像老虎一样有着条纹。它可以像狗一样用四肢奔跑，也像袋鼠那样用后腿跳跃行走。由于这只动物

袋狼物种已灭绝

有着其他种类动物的特征，却又有着特别的地方，因此当地人称它是澳大利亚的“四不像”：头似狼而非狼，尾似袋鼠而非袋鼠，斑纹似虎而非虎，开口向后的育儿袋似负鼠而非负鼠。

塔斯马尼亚袋狼生活在树林较为稀疏的地方，或是草原上。一旦有人来到它们的生存地，它们马上就会躲到森林的深处去。袋狼主要捕食袋鼠和鸟类。白天进洞休息，夜晚或黄昏觅食。袋狼的颚骨像蛇一样分为两段张开，它们会一下子就将猎物的头咬碎。它们往往单独行动，奔跑的速度并不快，但它们会穷追不舍，直到猎物筋疲力尽为止。

在 19 世纪，当塔斯马尼亚地区鼓励和支持发展农业时，由于塔斯马尼亚袋狼的存在严重威胁着家畜，因此塔斯马尼亚袋狼就一批又一批的倒在了猎人的黑洞洞的枪口下。到了 1914 年，塔斯马尼亚袋狼就已经非常罕见了。大约在上世纪 30 年代，最后一只塔斯马尼亚袋狼被射杀，它终于永远地从我们的视觉中消失了。

僧海豹：古老的热带海豹

在碧涌上荡漾的太平洋中部，有一个碧玉般的小岛，叫尼豪岛。这是一个牧场岛，僧海豹就在这个岛的沙滩上繁衍生息。

僧海豹是一种古老而稀有的海豹，是世界上惟一一种一生都在热带海域中生活的海豹。历史上僧海豹曾一度在加勒比海和地中海大量的繁殖，由于人类的狂捕滥杀，今天僧海豹在世界其他地方已难觅其踪，而仅仅在夏威夷群岛北部生存着一个不大的群体。

加勒比僧海豹

僧海豹与其他海豹一样，没有外耳，可有很好的听觉。它还有一对敏锐的眼睛，不但能看清水里的东西，也能看清空中的物体。僧海豹的体型比海狮海象更适宜在水中生活，如它的后肢不能曲向前方，这在水中运动十分重要。还有它的身体外表平滑，几乎成了流线型，非常适合在水中快速游泳、潜水。敏锐的视觉和听觉再加上水中的灵巧，使它更容易捕捉到各种鱼类。而一旦到了陆地上，它的动作就显得十分笨拙，滑稽可笑，善于游泳的四肢只能起支撑作用，只好缓慢的匍匐爬行，陆地上的笨拙也成了它们日后灭绝的原因之一。

僧海豹脸上长着又黑又密的刚须，两只黑眼睛又大又亮。僧海豹很聪明，对新鲜的事物充满了好奇。它们对人类很友好，当它们遇到在附近游泳的人时，就会好奇地游到人的面前，直愣愣地盯着人的脸看上一阵，然后悠然自得地游开。它们游泳的姿势非常优雅，好像根本不用鳍划水，只是身体略略晃动，便能毫不费力地在水中转来转去。在它们生活的海域有着丰富的食物，僧海豹们吃饱喝足了就在水中互相追逐，翻滚打闹。当然恼怒的时候，它们也会扭打撕咬，所以它们的身上经常有一些牙齿的痕迹。

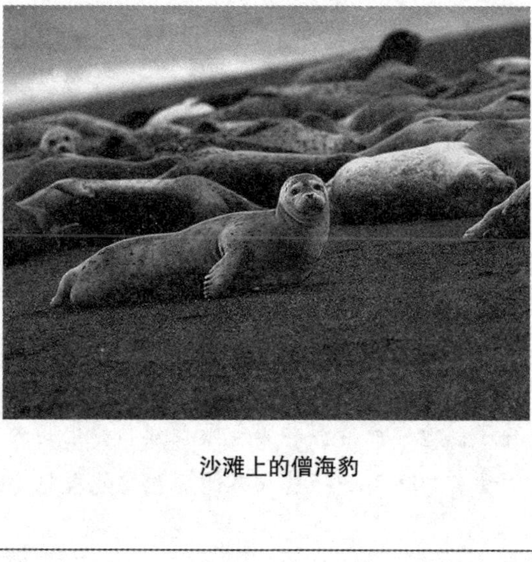

沙滩上的僧海豹

在哺乳期间，僧海豹的警惕性很高，一旦发现危险，会立即将小海豹推下水去，然后自己潜水而逃。如有小海豹被擒，大海豹会不顾自己安危，抢夺小海豹。如果是人抢走小

僧海豹也是潜水能手

海豹，大海豹就会怒气冲天地向人发动攻击，可是最终它们也没能逃脱人类的手掌。

除了捕食之外，僧海豹喜欢在僻静的岛屿上晒太阳，常常几十上百的聚集在一起。进入15世纪后，僧海豹宁静的生活被人类彻底打破了，因为加勒比海地区一直是欧洲及美洲列强相争之地，早在1462年就有西班牙人进入此地，后来英、法、丹麦和美国等一些国家的人也先后来到这里，并且开始逐渐进入到了加勒比海腹地各个岛屿，而这些岛屿正是僧海豹常年栖息之地。由于食物短缺，人们来到这里后，便开始了捕杀海豹来充饥。在陆地上笨拙的僧海豹只能束手就擒。因小海豹浑身长着厚密的乳毛，可以制成上好皮毛制品，因此也没能逃脱厄运。就在猎食僧海豹的同时，人们又发现海豹油是一种非常好的油料，这下情况就更糟了。到了19世纪，随着这些国家实力的增强，他们想占有更多的殖民地，于是越来越多的人来到了加勒比海地区。为了获得更多的海豹油、海豹皮，这些人又开始了新一轮的捕杀行动。美丽的海滩瞬间变成了屠宰场，到处都是僧海豹的尸骨。顿时，蓝色的海水也被染成了红色……

知识点

僧海豹的种类

世界上共有3种僧海豹：夏威夷僧海豹、地中海僧海豹和加勒比僧海豹。令人忧虑的是：加勒比僧海豹自19世纪50年代被发现以后一直未再见其踪影，有人怀疑这种僧海豹已经绝种了；地中海僧海豹曾经数量众多，但是今天已经处于濒危状态，据估计最多还有500多头；夏威夷僧海豹的处境也不妙，大约只有1500头。在漫漫的历史长河中，三种僧海豹经历了不同的进化过程。但是，它们都是在几乎没有天敌的环境中生存下来的。所以，这三种僧海豹防卫天敌的本领就特别弱。

北美野牛：北美草原霸主的悲剧

在北美美丽的大草原上，曾流传着“死亡之涧”以及成千上万的野牛在那里自杀死亡的传说。然而，一直没有人知道这个“死亡之涧”到底在哪里。20世纪60年代，一个农场工人在加拿大的艾伯特山上，偶然发现一个叫丘特思科的悬崖下堆积着大量的野牛骨。丘特思科是印第安语，其意思是：牛急跳崖处。也就是说，这里就是野牛跳崖的地方。这一消息，立即引起了加拿大、美国等动物学家的浓厚兴趣。

北美野牛一直是驰骋在北美草原上的霸主，数量一度达到6000万之多，但是不知道什么原因，北美野牛数量每况愈下，已经到濒危的边缘。这种情况是否和野牛自杀有关？丘特思科是否就是传说中的“死亡之涧”？

为了弄清这个原因，动物学家找到了丘特思科。这里丘陵和草原相间，水草丰盛，十分适合耐寒的北美野牛的生存。

动物学家发现那确实是一个绝壁悬崖，悬崖下瘴气弥漫，深不见底，隐约能听见下面有流水声。悬崖上有一些奇怪的石头，这些石头排列得弯弯曲曲却又错落有致，像是一个古老的祭祀场所，绝非天然之物。

北美野牛

动物学家冒险使用攀登索吊到悬崖下，被眼前的一幕惊呆了：深涧内一片荒凉，寸草不生，脚下就是野牛的尸骨和头角。特别是云雾消失后，他们发现悬崖下的野牛的骨头堆积如山，层层叠叠的竟有三层楼高，在场所有的动物学家都不由得吸了一口冷气。

毫无疑问，这就是传说中的“死亡之涧”。此处与地面的垂直距离约20米，但地面以下显然是一个人工挖掘的大坑。很显然，野牛从悬崖上跌下来后掉到大坑，摔死或者严重受伤不能动弹而躺在大坑里。

北美山区的野牛

在方圆1000米的范围内，还散布着存肉窖和坑灶遗迹，到处都是牛骨，还有用野牛骨砌成的围墙。这里不仅仅是野牛自杀的地方，也有人类加工野牛肉的遗迹。据动物学家粗略估计，这里至少有500万野牛的骨骸！

“死亡之涧”被发现的消息传开后，引起各界科学家的关注。经科学家测定，得知坑灶遗迹和牛骨的年代。但让科学家们吃惊的是，最早的坑灶遗迹竟然是5700年前留下的，而牛骨的年代从5700年前到19世纪中叶都有！

就是说，5000多年来，有500万头野牛从“牛急跳崖处”的悬崖上跳下去，而且，有人在下面“恭候”着，从而形成了屠宰、加工、储存“一条龙”的流水线。是谁在5700年前就开始玩这种古老而血腥的游戏？

为了揭示这一奥秘，动物学家展开了长期的调查。一个印第安老人费力地说：“这些是用来驱赶野牛的！”动物学家们这才猛然醒悟，他们发现这些石头砌成的巷道竟然长达9000米，一直延续到缓坡下的草原，而另一端直通悬崖。巷道途中设有岔道，但殊途同归，最终主道和所有的岔道都到达悬崖！

这条北美野牛的死亡巷道，代表着印第安人极高的狩猎水平。从另一个角度来说，也是古印第安人制造了世界上最大的、最惨烈的、时间跨度最长的动物自杀案。野牛成为北美印第安人主要的生活资源。曾有人感慨地说："是北美的野牛用生命支撑了灿烂而辉煌的古印第安文明！是残酷的印第安制造了北美野牛的悲惨境地！"

真正的"飞兽"：蝙蝠

1944年的太平洋战争，美国陆军在强大的海军和空军的掩护下登上塞班岛和关岛，继而彻底占领马里亚纳群岛，从而切断日本本土与南太平洋诸岛的海上交通线，并为收复菲律宾以及对日本本土实施远程轰炸创造条件。

关岛大蝙蝠

太平洋战争后，关岛成为美国重要的军事基地，名气飙升。使关岛闻名遐迩的还有它的优越的自然风光以及一种岛上的奇特动物——关岛大蝙蝠。

关岛大蝙蝠是能飞翔的兽类

蝙蝠类是惟一真正能够飞翔的兽类，而关岛大蝙蝠是空中飞行的哺乳类动物中最大的一种，就像一只家鸡那么大。它们虽然没有鸟类那样的羽毛和翅膀，飞行本领也比鸟类差得多，但其前肢十分发达，上臂、前臂、掌骨、指骨都特别长，并由它们支撑起一层薄而多毛的，从指骨末端至肱骨、体侧、后肢及尾巴之间的柔软而坚韧的皮膜，形成蝙蝠独特的飞行器官——翼手。

关岛大蝙蝠的外表有些恐怖，像是长了翅膀的大眼狐狸。在关岛，它主要是吃水香蕉等水果，也吃昆虫。由于蝙蝠其貌不扬，身带各种不明菌群，几乎在世界各地都被认为是一种不吉祥的动物，因而蝙蝠在英文中的意思是“轻佻的老鼠”，表示了对它的不屑，但这种情况在关岛是个例外。

大蝙蝠

关岛地处西太平洋马里亚纳群岛的最南端，气候全年和暖，平均温度为27℃，很适合大蝙蝠的繁殖。但20世纪以来，关岛大蝙蝠遭遇到前所未有的重创，1968年，最后一只关岛大蝙蝠被食客吞下。

最喜欢吃大蝙蝠的，是关岛岛内的土著莎摩罗族人，但食用数量很有限。自美国军队进驻关岛后，情况发生了很大的变化。一方面岛上三分之一的土地变为了军事基地，热带雨林被大肆砍伐，环境遭到空前的破坏，大蝙蝠栖息的树木暴露在台风中，生存和繁衍得不到保障；另一方面，随着关岛现代商贸的繁荣，很多香蕉园主为使果物不受侵害，大规模射杀大蝙蝠，使大蝙蝠的数量越来越少；再有，由于关岛大蝙蝠个大肉肥，外来者视之为岛上特别的美味佳肴，成了观光客必尝的食物。据称1968年关岛大蝙蝠灭绝前，每年岛内有数万只大蝙蝠被杀害。1968年后，岛上其余种大蝙蝠另有7种也已灭绝，剩下的也濒临灭绝。

年轻的北极霸主：北极熊

北极熊是北极地区最大的食肉动物，因此也就是北极当然的主宰。如同企鹅是南极的象征一样，北极的代表就是北极熊了。

北极熊全身披着厚厚的白毛，甚至耳朵和脚掌亦是如此，仅鼻头一点黑。而且其毛的结构极其复杂，里面中空，起着极好的保温隔热作用。因此，北极熊在浮冰上可以轻松自如地行走，完全不必担心北极的严寒。北极熊的体形呈流线型，善游泳，熊掌宽大犹如双桨，因此在北冰洋那冰冷的海水里，它可以用两条前腿奋力前划，后腿并在一起，掌握着前进的方向，起着舵的作用，一口气可以畅游四五十千米。北极熊爪如铁钩，熊牙锋利无比，它的前掌一扑，便可以将人的头颅打得粉碎，身首异处。北极熊奔跑起来，风驰电掣，但并不能持续太久，只进行短距离冲刺。所以如果你在北极遭到了北极熊的攻击，你可以跟它商量进行长跑比赛，这样北极熊必败无疑。

北极熊是北极地区最大的食肉动物

每当春天和初夏，成群结队的海豹便躺在冰上晒太阳时，北极熊会仔细地观察猎物，然后巧妙地利用地理形势，一步步地向海豹靠近。当行至有效捕程内，北极熊则犹如离弦之箭，猛冲过去。尽管海豹时刻小心谨慎，但等发现为时已晚，巨大的熊掌以迅雷不及掩耳之势拍下来，顿时脑浆涂地。

北极熊母子

在冬天，北极熊又会以惊人的耐力连续几小时在冰盖的呼吸孔旁等候海豹，全神贯注，一动不动，犹如雪堆般，并会用掌将鼻子遮住，以免自己的气味和呼吸声将海豹吓跑。当千呼万唤的海豹稍一露头，“恭候”多时的北极熊便会以

北极熊母子

极快的速度，朝着海豹的头部猛击一掌，可怜的海豹尚未弄清发生了什么事情，便脑花四溅，一命呜呼。

对于那些躺在浮冰上的海豹，北极熊也有一套对付的方法。它会发挥自己游泳的专长，悄无声息地从水中秘密接近海豹，有时它还会推动一块浮冰作掩护。捕到海豹后，便会美餐一顿，然后扬长而去。北极熊的聪明之处还在于，在游泳途中若遇到海豹，它会无动于衷，犹如视而不见。因它深知，在水中，它绝不是海豹的对手，与其拼死拼活地决斗一场，到头来还是竹篮打水一场空，还不如放海豹一马，也不消耗自己的体力。

北极熊出现的历史不长，它们和棕熊的亲缘关系非常近，可能是在大约20万～50万年前从棕熊分化出来的。因为它们的祖先像绝大多数的熊一样是生活在北半球的，所以北极熊进化出来后就在北极生存了下来。

北极地区的土著人，对北极熊十分尊重和崇拜，但他们仍然捕杀北极熊。据说，在古代，爱斯基摩人有这样一个风俗习惯：人死之后，或者病残者，均会被送到北极熊经常出没的荒野。在那里，他们正襟危坐，等待着北极熊来吃。因为他们懂得，只有北极熊生存下去，他们的子孙后代才会有北极熊可捕获，才可得到足够的食物，从而能得以生存下去。在北极地区的土著人捕到北极熊后，

北极熊非常聪明

都要举行隆重的仪式。比如阿拉斯加的爱斯基摩人为了庆贺捕到北极熊，常跳起“熊舞”；最特别的是，西伯利亚的爱斯基摩人在肢解北极熊时，先取出心脏，然后切成碎块，抛向身后，以超度北极熊的亡灵。

知识点

北极熊的分布

顾名思义，北极熊生活在北极。它们把家安在北冰洋周围的浮冰和岛屿上，还有相邻大陆的海岸线附近，基本呈环极分布。它们一般不会深入到更北端的地方，因为那里的浮冰太厚了，连它们的最主要猎物——海豹也无法破冰而出，没有食物，北极熊自然不会去冒险。

北极熊被分为六大种群：俄罗斯弗兰格尔岛－阿拉斯加西部种群；阿拉斯加北部种群；加拿大北极群岛种群；格陵兰种群；挪威斯瓦尔巴特群岛－俄罗斯法兰兹约瑟夫群岛种群以及西伯利亚北部至中部种群。

灭亡在人类之手的动物

豚足袋狸

远古时代的一场火山爆发形成了世界上最大的熔岩隧道，以生命的沉重代价造就的这处世外桃源在火山岩冷却很多年后，形成了相对独立的动物群落。澳大利亚最有名的动物在这里都能找到：袋鼠、袋狸、鹦鹉、蝙蝠……但是再也看不到澳大利亚最珍贵的豚足袋狸了。

和其他有袋类动物一样，袋狸是澳大利亚的特有动物，而豚足袋狸无疑是澳洲的“土著”，又是袋狸家族中的珍稀品种。它长得就像一只兔子那么大，它的面部特征非常像老鼠，具有一对比一般老鼠要大些的大耳朵，吻部又尖又长。豚足袋狸外观比野兔要瘦小些，四肢长而纤细，又像一只小小的

豚足袋狸

鹿。通体的毛色呈金黄色，腹部以下颜色略浅，非常漂亮。它的育儿袋和树袋熊、袋熊的一样，是向后张开的。与其他种类的袋狸相比，它的后肢显得特别，很像猪蹄“豚足袋狸”的名称由此而来。

豚足袋狸的洞穴一般建在离水源不远的地方，并且不很深，但很温暖。它常常白天就在洞中睡觉，晚上外出觅食。它喜欢吃虫子、蜥蜴、小的哺乳动物以及野菜等。

豚足袋狸的领土意识非常强，为了保卫自己的家园，雄性袋狸往往与入侵者作殊死的战斗，不惜牺牲自己的生命。尽管如此，由于豚足袋狸形体弱小，势单力薄，常常成为其他动物的牺牲品，惨遭杀害的事经常发生。

几乎所有的食肉动物都是豚足袋狸的天敌，其中以狐狸和澳洲野犬为甚。但豚足袋狸最大的威胁还是来自人类。

澳大利亚是世界上最大的“岛”，最小的内陆。远在四五百年前，土著的祖先就来到了这里。但在大约300年前，澳洲大陆变得不平静起来。

1768年，英国皇家海军的船队在詹姆士·库克的带领下前往太平洋。途中，库克船长发现了澳洲，宣布此地为英国所有，并在澳大利亚流放罪犯。接着，澳大利亚发现黄金，又吸引成千上万的淘金者蜂拥而来。

豚足袋狸领土意识非常强

人类在澳大利亚的活动增加后，外来动物也不断地引入。如狐、狗等动物越来越多，以豚足袋狸为代表的当地“土著”动物的生存受到了严重的威胁；同时，人类的过度垦伐更使豚足袋

豚足袋狸的威胁来自人类

狸逐渐丧失了栖息地，种群数量锐减。

在英国人到澳洲后，这里的许多动物都相继灭绝了。面对澳洲珍稀动物接踵而至的灭绝，一位澳大利亚作家无奈地说，是库克船长把澳大利亚展现在世界面前，也是他使澳洲的土著动物无家可归，库克船长是在犯一个他永远也不会明白的“错误”。

1970 年 12 月，澳大利亚政府宣布豚足袋狸为濒危动物，但事实上自 1926 年以来，就没有任何有关它们的记录了。

无齿海牛

1741 年，一位名叫斯太勒的欧洲博物学家在远东探险时，遭遇海难，无法前行。在他滞留于白令岛期间，看到了当地人捕杀无齿海牛的惊心动魄的一幕。他在日记中写道：

“他们用像巨锚一样的铁钩深深扎入海牛皮肉中，然后用 30 个身强力壮的人拉紧绳子，将奋力抵抗的海兽拖上岸，接着用刀、棍等锐利的器具猛击海牛的身体，受到重创的海牛即使前肢被砍掉，表皮绽裂，伤口血流如泉，可仍在挣扎，扭动着庞大的身躯，它的叹息和呼喊是沉闷的，很快被海边的浪涛声淹没，但它仍不时发出沉重的挣扎的声音。当一只雌性海牛被钩住时，另外一只雄性不顾人们的痛击，拼命

无齿海牛

无齿海牛是植食性动物

把绳子往水里按或用尾部拍打铁钩，试图解救它的配偶……第二天，我看到那只雄性海牛悲哀地呆立在已被人们肢解的雌海牛的身边……白令岛到处弥漫着血腥味，人们每捕杀 4 只，往往有 1 只被拖上岸却又被无所谓地遗弃掉。”

海牛目是仅有的适应海洋生活的植食性动物，也是仅次于鲸目最适应水栖生活的动物，和鲸类一样，前肢变成鳍状，没有后肢，有尾鳍，不能上岸，但有短颈，尚保留退化的骨盆，鼻孔虽然上移，但尚未像鲸类一样移到头顶。海牛目体型肥胖，有很厚的脂肪层，脑不发达，行动比较迟缓。

不知从什么时候开始，世界各地把“美人鱼”与海牛联系起来。这令人匪夷所思。因为就海牛的长相实在算不上标致，甚至还有些丑陋。哥伦布在 1493 年的航海日记中写到：

“美人鱼”不像寓言中描写的那么惹人喜爱。它有两只深陷的小眼，没有耳轮，偌大的鼻子连着上唇，轰然鼓起，两只可以闭合的鼻孔位于顶端；下唇内敛，嘴边生着稀疏的短髭。前身两侧各有手臂似的前肢一条，顶端外侧尚有指甲，与大象相似，但也无任何用处。后肢退化，肥大的身躯向后渐渐收小，末端有一似鱼尾鳍的扁平尾巴。

无齿海牛体态笨拙

哥伦布的诠释显然不能消除人们对“美人鱼”的向往。因为有人亲眼看到海面上海牛的行踪，美妙

无齿海牛母子

绝伦。许多目击者和有关记载对美人鱼的描述大致相同：美发披肩，目光安详，裸露上身，下身是披满鱼鳞的鱼尾，将上半身浮在水面上，用手臂怀抱婴儿哺乳。1974 年，苏格兰的一位教师威廉·马龙在海滩散步时突然海中出现了一个“美女跃出水面”，她在水中游了 5 分钟，还向他深情一瞥，然后消失在大海中。

海边这道美丽的风景，尽管难得一见，也不是每个人都愿意一饱眼福。在非洲和北美一些地区的水手忌讳出海时撞见“美人鱼”，认为是不祥之兆。因为“美人鱼”能吸引了水手的注意力，致使船触礁而沉。

后来，在白令海域，随着无齿海牛的灭绝，“美人鱼”早已成了一个神话。

无齿海牛的灭绝是人与大自然合唱中动物的一次无奈谢幕，也是人类的一次自我亵渎。

斑驴已成永久标本

美丽的斑马对现代人来说人尽皆知，而人们对亮丽的斑驴则知之甚少，因为早在 1883 年，斑驴已经从地球上永远消失了。

斑驴身上的条纹不像斑马那样遍布全身，只是头到身体的前半部有条纹，并且脖颈上的条纹延伸到它短而立直的棕毛上。它的身体后半部为黑色，而腹部和四肢却为白色。斑驴脖子长，头也长，而耳朵却非常短小。斑驴的眼在脑颅的后方，这使它视野开阔，白天的视觉非常敏锐，夜晚也可和狗、猫头鹰的视觉相媲美。

斑驴以特立独行的姿态驰骋在南非从好望角到奥兰治的广阔的草原上。在南非的草原上，它常常与牛羚、鸵鸟等动物混群吃草，相安无事。因为它们有一个共同的敌人——狮子。

斑 驴

在对付被称为“动物之王”的狮子的过程中，牛羚、鸵鸟和斑驴的默契配合成为动物世界的一个传奇。牛羚有灵敏的嗅觉，鸵鸟有良好的视力，而斑驴的听力异乎寻常，三者取长补短，发挥了神奇的效用。一旦出现狮子的踪影，它们相互传递信息，很快逃之夭夭。斑驴的四蹄健硕，奔走速度很快，有“草原骑士”之称，再加上它的聪明伶俐，因而斑驴很少能被狮子捕获。

斑驴机警、健硕，在南非的大自然中特立独行，但在装备精良的布尔人面前，斑驴却显得力不从心。

布尔人发现斑驴是一种很容易得到的食物来源，肉质香嫩可口，其皮毛则可供收藏或出口之用，于是在短短几十年里，他们利用马匹、火器和套索，使数以千计的斑驴遭到杀戮。

作为一种野生动物，斑驴的个性十分倔强，早年人们不得不用“桀骜不驯”和“宁死不屈”来形容它的性格。1860 年，一头饲养在伦敦动物园的斑驴，因不能忍受长期的禁锢，奋然撞墙而死，举世震惊。

斑驴机警、健硕

1840 年，南非野外还有种群兴旺的斑驴，但 30 年后，随着自然资源的大面积开发，斑驴几乎全军覆没。最后一头野生斑驴是 1878 年被杀死的。斑驴消失后的许多年里，人们还能在自己的日用品中不时见到斑驴皮的制品。

世界上最后一头斑驴是在荷兰的阿姆斯特丹动物园的一头雌驴，它孤苦伶仃地活到1883年，便无可挽回地走向灭绝。

斑驴以其尖利的、带有警示意味的哭诉嘶鸣：“夸嘎”……“夸嘎”……似乎在提醒人类，切勿忘记南非草原那一个个血泪斑斑的记忆……

美洲海豹

1503年航海家哥伦布航行到美国时，看到了活跃于大西洋海岸的美洲海豹。他发现这些海豹的叫声与狼非常相似，便把它叫做“大海中的狼”。

“大海中的狼”引起哥伦布在内的世界旅行家和探险家们的极大关注，尤其是把美国作为征服目标的欧洲人，他们一登上美洲大陆最先看到的就是“大海中的狼”。在当时能够一睹美洲海豹的芳容，便意味着成功进入美洲。众多人把目睹美洲海豹看做是新世界即将走向繁荣的象征。

大约在4000万年前，一类叫做犬形类的肉食性动物分化成4个很不相同的科。它们都具有相同的中耳形态、露在外面的爪子和不如猫那样特化的牙齿。但是，除此之外，每个类群变得很不相同。一类包括狗、狼，另一类包括黄鼠狼、水獭和獾，第三类包括熊和大熊猫，最后一类则是浣熊和其他几种哺乳动物。

水下的美洲海豹

此后，2500万年前，最奇怪的变化发生了。一些犬形类动物身体变得柔滑，拥有带蹼的四肢，牙齿也变得适合捕捉鱼类和蛤蜊。它们是鳍脚类、海豹和海象。异海狮是其中最早的之一。它是海狮的近亲，与现在最大的无外耳的海豹、海象相似。

世界上所有海豹身均呈纺锤形，适于游泳，头部圆圆的，貌似家犬。在自然条件下，海豹有时在海里游泳。有时又成群结队地来到岸上休息。海豹的游泳本领很强，同时又善潜水，一般可潜入 100 米以下的水域。

美洲海豹性情温和，动作缓慢，即使见了人，也不会掉头就逃。寿命大约 30 年，4 岁或 5 岁成熟。雄海豹追求“一夫多妻”制。往往数只雄海豹同时追求一只雌海豹，但雌海豹只能从中挑选一只。因此，雄海豹之间不免发生争夺战。雌海豹产仔哺乳和育儿一般是在陆上或冰上，等小海豹长大了才潜入水中。但有时母海豹发现周围有危险时，也会将还在哺育期的小海豹迅速推到水中，自己随之也潜水而逃。

鲸追捕小海豹

有的海豹则十分聪明，常在其栖息的浮冰上打一个洞，以便于随时逃命。有时遇上较紧急的情况，来不及将小海豹推下水，母海豹就急中生智，突然将身体向空中一跃，用自身的重量将冰砸破，趁机一起逃去。但更多的情况是母海豹先逃走，然后在远处探出头来仔细观望。如果发现一切平安无事，便迅速来到小海豹身边；如果见小海豹被擒，常常依依不舍地注视着小海豹的去向。

别看它们在海中反应迅速，动作敏捷，但到了岸上却呆若木鸡。这种弱点使得它们轻而易举就成为人类的俘虏，最后导致悲惨的结局。

1675 年，英国探险家威廉·丹皮尔在他的《航海日志》中曾详细地记述了西班牙人捕猎海豹的情形：“他们乘着船，单手持着棍棒，一步步接近海豹，而那些可怜的海豹却丝毫没有意识到将要发生可怕的事，只是呆呆地躺在原处……”

在 19 世纪以前，美洲人都是以海豹肉为食物的。海豹的肉质鲜美，并且极具营养价值，是当地人最喜爱的食物。正因为如此，美洲海豹遭到了严重的捕杀。特别是美、英、挪、加等国每年派众多的装备精良的捕海豹船在海上大肆掠捕。

1952 年，最后一只美洲海豹倒在人类的枪下。人们把美洲海豹的灭绝称为“20 世纪的海难”。

繁荣的昆虫世界

FANRONG DE KUNCHONG SHIJIE

谈到昆虫，人们已经很熟悉了。彩色纷飞的蝴蝶，访花酿蜜的蜜蜂，争强好斗的蛐蛐，星光闪烁的萤火虫，还有令人讨厌的苍蝇、蚊子、蟑螂等等。

对于昆虫的起源，可以追踪到一支古老的陆生节肢动物身上。最初，它们生活在沿着海岸线分布的浅海中，后来，它们向着两个相反的方向进化：一支进入大洋，演变成虾、蟹等甲壳动物；另一支则向陆地进军，演化成今天的昆虫类。其中，最为成功的昆虫从出现开始，就显示出了极为强大的生命力，在地球上迅速地发展了起来。

昆虫纲不但是节肢动物门中最大的一纲，也是动物界中最大的一纲。而植物（包括细菌在内）只有昆虫种类的三分之一。昆虫不但种类多，而且同种的个体数量也十分惊人。一个蚂蚁群体可多达 50 万个个体。昆虫的分布面之广，没有其他纲的动物可以与之相比。从赤道到两极，从海洋、河流到沙漠，高至世界的屋脊——珠穆朗玛峰，下至几米深的土壤里，都有昆虫的存在。这样广泛的分布，说明昆虫有惊人的适应能力，也是昆虫种类繁多的生态基础。

善于伪装的竹节虫

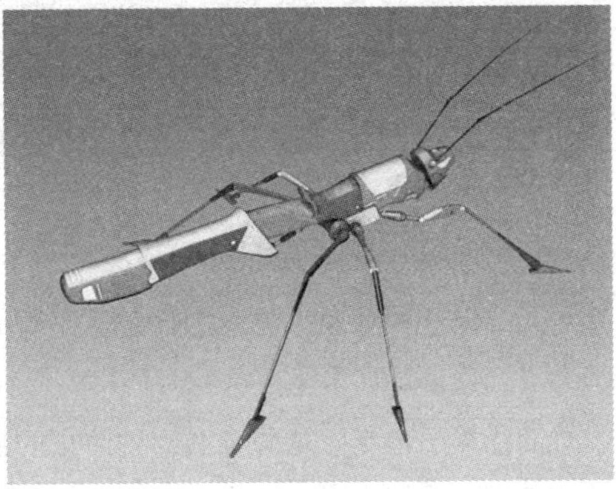

竹节虫模型

在世界上有一种长得很像竹子枝的昆虫，也有的长得很像竹叶或树皮，这种昆虫就是竹节虫。它们有着纤细的腿和长长的触须。

竹节虫算得上著名的伪装大师，当它栖息在树枝或竹枝时，活像一支枯枝或枯竹，很难分辨。竹节虫这种以假乱真的本领，在生物学上称为拟态。装死也是竹节虫的本领之一，在受到惊吓时，它们会立即坠落在草丛中，以假死来逃避灾难。

在白天，这些以细瘦狭长的身材为典型特征的竹节虫，凭借自身良好的伪装安全地潜伏在栖息的林地、丛林或花园中。事实上，有些竹节虫可能就潜伏在你家花园的树木或草丛中长达数年之久而从未被你察觉。一到夜间，竹节虫们凭着一双如炬的亮眼变得异常活跃，它们在栖息地四周巡游并伺机进食。许多竹节虫并非如人们所想象的那样，是一种丑陋而令人生厌，像一截枯树枝般了无生气的动物。恰恰相反，有些种类的竹节虫具有令人耳目一新的一系列行为，包括一旦伪装失灵被天敌发现便使用多刺的

竹节虫被称作“伪装大师”

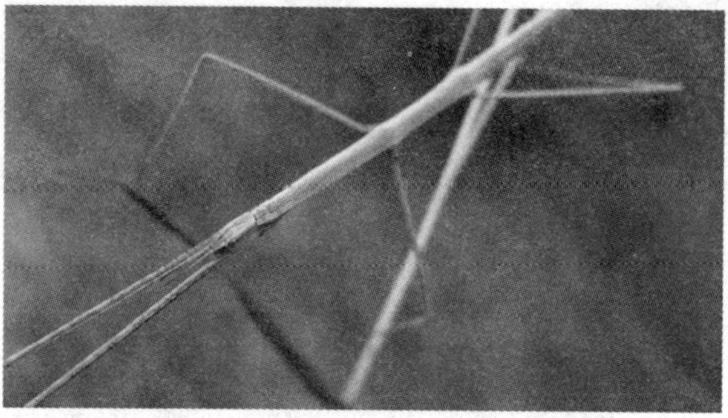

变色也是竹节虫护身法宝之一

节肢进行顽强的自卫和抵抗，包括会分泌及喷射化学物质以击退来犯之敌，等等。

大多数竹节虫没有翅膀。有翅膀的那些竹节虫当中，有的翅膀色彩非常亮丽。当它受到侵犯飞起时，突然闪动的彩光会迷惑敌人。但这种彩光只是一闪而过，当竹叶虫着地后收起翅膀时，它就突然消失了。这也是许多昆虫逃跑时使用的一种方法，被称为“闪色法”。

变色并不是变色龙的专利，竹节虫的体色也可以随着环境而改变。它体内的色素可以因光线、温度、湿度不同而发生变化，由绿色、棕色变为其他颜色。当温度与湿度下降时，它的体色变暗；温度较高，空气干燥时，竹节虫则变为灰白色。依靠这些巧妙的护身法宝，使得竹节虫可以巧妙地躲过敌害的追击。

竹节虫伪装得十分巧妙，它只有在爬动时才会被发现。

竹节虫产卵的方式很特别，一粒粒卵就像小手榴弹一样被撒播在树枝上。这些卵要等到第二年的春天才会孵化。有些雌竹节虫不需要与雄虫交配就能产卵，生下没有父亲的后代，幼小的竹节虫也就没有爸爸了。

竹节虫善用“闪色法”

竹节虫产的卵很大，看上去像种子，有时甚至像是竹叶虫吃的树或灌木的种子。一只北美洲竹节虫产的卵如此之多，以至下卵的声音淅淅沥沥，密如雨声。

知识点

变色龙

变色龙又名避役，主要分布在非洲地区，少数分布在亚洲和欧洲南部，非洲马达加斯加岛是它们的天堂。变色龙通过变换体色来传递信息，和同伴沟通。与其他爬行类动物不同的是，变色龙能够变换体色完全取决于皮肤表层内的色素细胞，变色龙皮肤有三层色素细胞，最深的一层是由载黑素细胞构成，其中细胞带有的黑色素可与上一层细胞相互交融；中间层是由鸟嘌呤细胞构成，它主要调控暗蓝色素；最外层细胞则主要是黄色素和红色素。

分工明确的蜜蜂

春天来了，百花盛开，勤劳的小蜜蜂又开始了它的采蜜生活。它们在花丛中飞来飞去，一边飞，一边采集花蜜。蜜蜂辛勤地劳动着，让花儿结出了丰盛的果实，还酿出了甜美的蜜。在昆虫王国里，最勤劳的就要属蜜蜂了，它们一生都是这样辛勤度过的！

蜜蜂是一种既有益又有趣的昆虫，是昆虫世界一个有组织的伟大集体。在蜜蜂的王国里，有蜂后、雄蜂和工蜂三种。它们分工明确，团结一致，共同维持着群体的生活。蜂后产卵，雄蜂专管与蜂后交配，工蜂最辛苦，肩负着采蜜、清扫、喂养幼蜂等许多工作。

小蜜蜂

每当清晨，蜜蜂便一个

个早早地醒来，一个个有秩序地飞离蜂巢，飞向四面八方，寻找蜜源。一只蜜蜂每天要登上成百上千朵花，往返几十次甚至上百次。蜜蜂出外采蜜完全靠自觉，因为到了外面，那简直是自由世界，你想干什么就干什么，想干多少就干多少，没有任何监督。可贵的是，蜜蜂是不用监督而勤奋工作的动物。它来到大自然中，便全身心地投入到采蜜工作中，不肯休息，更谈不上偷懒，它的劳动自觉性是人类望尘莫及的。

花丛中的小蜜蜂

如果一只蜜蜂发现了蜜源，它要怎样告诉其他的伙伴呢？原来呀，小蜜蜂们是靠跳舞来通知伙伴的。不同的舞蹈表示不同的意思。当蜜源在附近时，蜜蜂就跳圆圈舞；当距离蜜源较远时，就跳“8”字舞。

古生物学研究证实，5000 万年前，蜜蜂就已经在地球上生活，在漫长的自然进化过程中，地球的生物圈几经变迁，很多物种消亡了，如强悍的恐龙早已灰飞烟灭。物竞天择，适者生存，现存的每一种生物都以其特有的方式适应在变化的环境中生存下来。在公元前 7000 年的中石器时代，人类就留下了攀藤采蜜的图，人们采集树洞、石洞中的野生蜜蜂的蜂蜜、幼虫、蜂蛹等食用。

蜜蜂 5000 万年前就在地球上生活

蜂王和工蜂都长有毒针，但雄蜂却没有长。蜂王只有当内部打架时才使用毒针，所以，蜂王并不蜇人。而工蜂只有在受到外来威胁为保护巢时才用毒针攻击敌人，因此，我们如果不去招惹蜜蜂，它是不会主动来蜇人的。因为，它蜇人

花间蜜蜂

以后，自己也会死掉。

为什么蜜蜂蜇人后自己会死去呢？原来蜜蜂腹部末端的毒针是由一根背刺针和两根腹刺针组成，针后面连接着毒腺和内脏器官，腹刺针尖端有几个呈倒齿状的小倒钩，当蜜蜂的毒针蜇入人体的皮肤后，排出毒液再拔出刺针要慌忙飞走时，由于小倒钩牢固地钩住了皮肤，所以，毒针连同一部分内脏也一起被拉了出来，这样蜜蜂当然就会死去。所以，蜜蜂不到万不得已时是不会蜇人的。

知识点

蜜蜂的巢房

达尔文赞叹蜜蜂的巢房是自然界最令人惊讶的神奇建筑。巢房是由一个个正六角形的中空柱撞房室，背对背对称排列组成。六角形房室之间相互平行，每一间房室的距离都相等。每一个巢房的建筑，都是以中间为基础向两侧水平展开，从其房室底部至开口处有13°的仰角，是为了避免存蜜的流出。另一侧的房室底部与这一面的底部又相互接合，由三个全等的菱形组成。此外，巢房的每间房室的六面隔墙宽度完全相同，两墙之间所夹成的角度正好是120度，形成一个完美的几何图形。

“力大无比”的蚂蚁

自古以来，人类对于蚂蚁就相当敬佩，古代哲人在《旧约圣经》、《箴言篇》的第六章写道：“去察看蚂蚁的动作，就可得着智慧。”

蚂　蚁

蚂蚁又称“玄驹”、“蚍蜉”、“状元子”。蚂蚁是一种既渺小而又平常的社会性昆虫，在昆虫界它种类最多、生存量最大。它的起源可追溯到1亿年前的恐龙时代，那时地球上就有蚂蚁的祖先繁衍。随着地球生态环境的变迁，身躯庞大的恐龙早已灭绝了，而身躯细小的蚂蚁在弱肉强食、物竞天择的自然界依靠集体的力量和顽强的生命力一直生存繁衍到今天，而且形成了家庭兴旺的蚂蚁王国。

蚂蚁是昆虫中的“大力士”

蚂蚁是昆虫中的大力士，它能搬动超过自己身体50倍的东西前进。蚂蚁为什么会有这么大的力气呢？

原来，蚂蚁爪上的肌肉是一个效率很高的“发动机”，能产生相当大的力量。依靠着这强大的“发动机”的力量，蚂蚁就成了大力士。

蚂蚁爪上的肌肉是“发动机”

像人类一样，蚂蚁也有许多复杂的社会变革。刚开始时，也许只是个较低等猎食团体，这个团体的蚂蚁数量也许不过十数只，然而它慢慢扩充成一个拥有上百万只蚂蚁的庞大社会。为了在地下建造庞大的蚁窝，将掘出4万千克的泥土！在一个蚁窝里除了一只蚁后外，其余绝大部分都属于工蚁和兵蚁，各自担任自己分内的工作。不过蚂蚁的工作只是出于一种本能，不含有任何情绪或理性的成分。

蚂蚁也吸食花蜜

为了充分发挥合作的效率，蚂蚁需要有一套复杂的通讯系统，至少能使它们分辨谁是同一窝的伙伴，谁是外来的陌生人。蚂蚁的通讯系统就是以身体语言和气味为基础，而以利用化学素散发的气味为主。

事实上，蚂蚁就犹如一个小小的化学工厂，它们不断制造一种称为“信息素”的化学物质。这些信息素就是蚂蚁的语言，蚂蚁借着信息素传递何处有食物，是否有危险出现等信息。蚂蚁还利用信息素作为协调同一窝蚂蚁间的社会行为，如照顾幼蚁、替蚁后清洁身体、划定疆界和交配等等。

蚂蚁喜欢群居

平时，我们总是会看到成群结队的蚂蚁浩浩荡荡地在地面上行进，那它们会不会迷路呢？当然不会啦！因为它们会根据太阳的位置和光线来辨认回家的方向，还可以依靠自己在爬过时留下的特殊气味来认路。还有的蚂蚁可以根据道路上的天然气味返回巢穴。

白蚁通常被人们认为是蚂蚁中的一种，其实，它们和蚂蚁属于不同种类的昆虫。不过，它们像蚂蚁一样群居于巢穴中，也有明确的分工。它们的巢奇形怪状，有的竟高达数米。白蚁的巢，是由它们用唾液混合泥土搭建而成的。

知识点

白　蚁

白蚁亦称虫尉，属节足动物门，昆虫纲，等翅目，类似蚂蚁营社会性生活，其社会阶级为蚁后、蚁王、兵蚁、工蚁。白蚁与蚂蚁虽一般同称为蚁，但在分类地位上，白蚁属于较低级的半变态昆虫，蚂蚁则属于较高级的全变态昆虫。根据化石判断，白蚁可能是由古直翅目昆虫发展而来，最早出现于2亿年前的二叠纪。白蚁的形态特征与蚂蚁有明显的不同。白蚁体软而小，通常长而圆，白色、淡黄色，赤褐色直至黑褐色。头前口式或下口式，能自由活动。触角念珠状，腹基粗壮，前后翅等长；蚂蚁触角膝状，腹基瘦细，前翅大于后翅。

厉害的捕食者：蜻蜓

在一个池塘上空，蜻蜓飞掠着，阳光照射在它们的翅膀上发出了火焰般的光彩。它们的祖先曾经是在生活着巨大爬行类的沼泽中过日子的。今天，它们仍像古时候一样，用锐利的目光在空中捕捉蚊子，用它那形成一个篮子状的几条腿兜捕蚊子。在水下，蜻蜓的幼蛹（又叫“小妖精”）捕捉水生阶段的孑孓和其他昆虫。

蜻　蜓

蜻蜓身体修长，色彩艳丽，体态优雅，飞行灵活敏捷，有趣而诱人，是人们喜爱的观赏昆虫，常在白天活动于田野、园林等场所。

炎热的夏日里，在河边树阴中席地而坐，微风轻拂，顿时驱散了不少酷暑带来的烦恼。望着缓缓流淌的河水，微微摇动的水草，款款轻飞的蜻蜓，不禁心旷神怡。咳，你看那只蜻蜓姿势好奇怪呀，它的尾部回弯过来，好像在吃自己的尾巴。夏天人们经常看到两只蜻蜓在空中追逐，经过一段时间以后，互相搂抱在一起。那是性成熟的雌雄蜻蜓在进行交尾了。它们如同表演空中飞人的杂技明星。只见它们拥抱在一起忽而停落在一叶水草之上，忽而又腾空而起，自由自在地飞翔。雌蜻蜓受精后体内的卵细胞发育成熟，它就飞往池塘、湖泊等水面上方，穿梭飞行，由高而低，腹部下垂，腹端接着水面，一点而过，边飞边点，动作轻柔，姿态优美，颇有大家闺秀的风范。这就是人们常说的“蜻蜓点水”，其实是蜻蜓往水里产卵，繁殖后代呢。

蜻蜓飞行灵活敏捷

蜻蜓是一个优秀的捕蚊高手。它头顶上长着一双亮晶晶的大眼睛。在飞行时，它能够看清身体周围和下方的一切物体，从而捕捉到各种小昆虫。

蜻蜓就像一架小飞机，具有很强的飞行能力，被称为昆虫界的“飞行家”。蜻蜓像人类制造的直升机一样，可以在空中做出各种漂亮而又惊险的动作。有的蜻蜓，还能连续飞行几千万千米。

蜻蜓有强的飞行能力

蜻蜓还是一个合格的“天气预报员”。如果它们成群结队地在空中低飞，则表明大雨就要来临。这时候，许多昆虫因为空气湿度大而不能高飞，正是蜻蜓饱餐一顿的大好时机呢！

蜻蜓虽在昆虫中算做厉害的捕食者，却也难逃被其天敌伤害的厄运。当它在水中生活时，即在卵和稚虫阶段，就有各种鱼类、青蛙、蹼足类及涉禽类经常对它们构成威胁，就连昆虫中的斑蝥、水边蚂蚁、龙虱、蝎蝽等也会向它们发起进攻。成虫期虽能远走高飞，但和飞行技艺高超的鸟类相比，还是要差一些。

“梦乡卫士”：蜘蛛

“南阳诸葛亮，稳坐中军帐。排起八卦阵，单捉飞来将。”这个谜语猜的是哪种动物呢？当然是蜘蛛啦！

科学家在一块距今1.2亿年的琥珀残片中发现了会编织螺旋形丝网的古老球蛛。科学家经过对这只由“琥珀捕获的蜘蛛”的研究发现，它可能生活在恐龙时代，比温血哺乳动物的起源要早得多。

蜘蛛多生活在屋檐下或草木中。它肛门尖端的突起能分泌粘液，这种粘液一遇空气即可凝成很细的丝。蜘蛛以昆虫为食，它常在不易被破坏的旮旯、树梢、草丛以及昆虫时常出没的地方结出一个八卦形的网。比如金园蛛的体形较大，它的网粘性极强，连重量轻一些的鸟都会被它的网粘住。平时，尽管蜘蛛不在网上，但网上的细丝总有一根连通着蜘蛛休息的地方，昆虫只要一触网，蜘蛛就会获得信息。对粘上网的昆虫，蜘蛛都会先咬上一口。这一咬，昆虫就被注入了一种特殊的液体消化酶。这种消化酶能使昆虫昏迷、抽搐、直至死亡，并使肌体发生液化，变成“一听液体的高蛋白罐头”。

蜘　蛛

蜘蛛虽然长着八只眼睛，但却是高度“近视”，几乎看不见任何东西。它们完全依靠蛛网来感知外界的信息，也就是依靠蛛网的振动频率的高低来判断网上猎物的位置和死活。如果小动物陷入网中后就装死不动的话，就能逃脱被蜘蛛吃掉的命运。

有些蜘蛛不用蛛网来捕食：有的建造地道来抓住猎物；有的在地面上追赶虫子；还有的用毒液来麻醉、杀死猎物。个别蜘蛛的毒液甚至能把人毒死。

蜘蛛种类很多，性质千差万别，但大部分都是“恶妻吞夫”的。母蜘蛛性成熟后，身上会发出一种特别的气味。雄蜘蛛嗅到这种气味后，就会迅速到母蜘蛛结的网上“求爱”。母蜘蛛对上网求爱的雄蜘蛛咬上一口，这样，雄蜘蛛也像撞网的昆虫一样，交配后就成了母蜘蛛口中的美味佳肴。

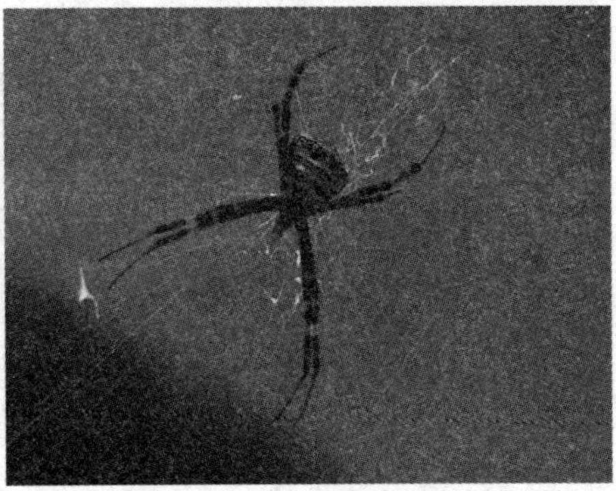

蜘蛛有高超的捕蚊本领

世界各地生活着各种各样的蜘蛛。在南美洲亚马孙河流域有一种毛蜘蛛，它的可怕之处就是能与植物合谋吃人。日轮花的枝叶有着很强的缠性，人一旦触到日轮花就会被死死缠住。这时，成群的毛蜘蛛就会涌上来将人慢慢吃掉。与其相反，在澳大利亚有一种猎人蛛，它专吃蚊子并有着高超的捕蚊本领，被人亲切地称为“梦乡卫士”。

知识点

琥　珀

琥珀是数千万年前的树脂被埋藏于地下，经过一定的化学变化后形成的一种树脂化石，是一种有机的似矿物。琥珀的形状多种多样，表面常保留着当初树脂流动时产生的纹路，内部经常可见气泡及古老昆虫或植物碎屑。

色彩艳丽的蝴蝶

春暖花开的时候，各种各样的蝴蝶在花丛中扇动着美丽的翅膀，翩翩起舞。它们体态优美，颜色艳丽，群飞的蝴蝶犹如一片彩云般美丽。

蝴　蝶

蝴蝶是一种非常美丽的昆虫，它们的翅膀上覆盖着很多鳞片，形成了五彩缤纷的颜色和各种图案。

在19世纪的70年代，在美国的科罗拉多州的弗洛里桑的第三纪地层中，曾发掘出7种化石蝴蝶。在此以前，欧洲的科学家在第三纪地层也发现过化石蝴蝶。到那个时期为止，已经发现化石蝴蝶6科17种之多。这一事实说明：在2亿年前，就已经有了与现在基本相同的蝴蝶。

蝴蝶不是生来就那么漂亮的，小时候的它们可是外表丑陋的毛毛虫。蝴蝶从小到大要经过四次改变。开始的时候，蝴蝶只是一个小虫卵，之后虫卵孵化成以植物为食的毛毛虫。冬天时毛毛虫变成蛹，春天到来的时候，蝴蝶就会从蛹里飞出来了。

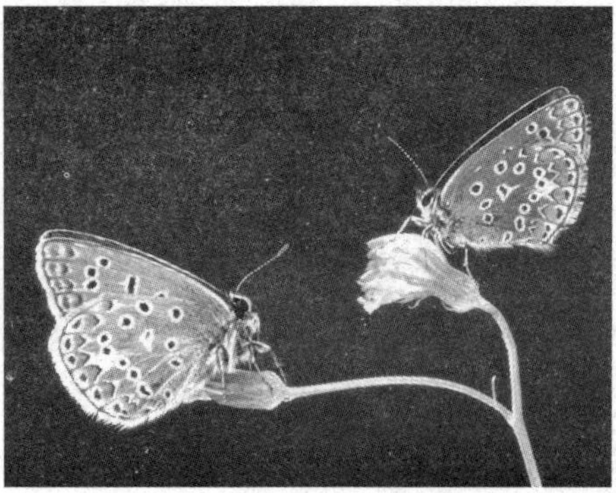
彩蝶双飞

蝴蝶谈恋爱的方式很特别，“恋爱”期间的很多会借助于光信号来“约会”。它们身上有一个非常敏感的“光感受器”，用以发射和接收“赴约”的信号。此外，有的蝴蝶还能借助身上的香味表达自己的爱慕之情。这是不是很浪漫呢？

蝴蝶是一种变温动物，它们的体温高低，是随着周围环境温度而变化的。因此蝴蝶的生命活动，直接受着外界温度的支配，温度低了，就停止活动。

每当早春或深秋的清晨，在田野里，常可见到一些蝴蝶张开了翅膀，面向太阳取暖，等到体温上升到各自需要的活动点时，它们才会开始活动。当太阳从云层里穿出而光热照射到大地上时，就可以看到各式各样的蝴蝶活跃地四处翩飞。假如太阳忽被云层遮蔽起来，那么它们就立刻停止了活动。瞬间，竟然完全看不到一个蝴蝶的影踪。当太阳重新照射时，它们又活跃如前，像这样有规律地一次又一次地重演着，非常有趣。

蝴蝶喜欢栖息在枝叶上

蝴蝶是昼出活动的昆虫，因此到了薄暮来临时，它们就各自选择安静和隐蔽的场所，进行栖息。栖息环境，依虫种而有不同，一般的蝴蝶都喜欢栖息在植物的枝叶上，有些则喜欢栖息在悬岩峭壁上面。

知识点

变温动物

变温动物是体温随着外界温度改变而改变的动物，又称冷血动物。所有的动物，除了鸟类和哺乳类外，都是变温动物，它们的体温是随着环境而改变，此意并非说它们绝不能控制它们的体温，它们能借由寻找凉爽或温暖的环境来改变自己的体温，而不能直接的控制自己的体温，即它们缺乏维持一定体温的生理机能。

歌唱夏天的蝉

沫　蝉

在炎热的夏天，我们经常会听到躲在树上的蝉发出嘹亮的叫声，听起来就像在欢乐地歌唱。天气越闷热，蝉唱得越欢，时间也越长，真是不知疲倦的“歌手”啊！可是，蝉的家族里只有“男歌手”，雄蝉通过大声鸣叫来吸引雌蝉，而雌蝉没用发音器，是个“哑巴”。

蝉又名“知了”，是一种较大的吸食植物的昆虫，它们长有针一样中空的吸管，可以刺入树体吸食树液。蝉有不同的种类，它们形体相似而颜色各异。蝉的两眼之间有三个不太敏感的眼点，两翼上简单地分布着起支撑作用的细管。这些都是古老昆虫种群的原始特征。

蝉有两对膜质的翅膀，翅脉很硬。休息时，翅膀总是覆盖在背上。蝉很少会自由自在地飞翔，只有采食或受到骚扰的时候，才从一棵树飞到另一棵树。有趣的是，蝉能一边用吸管吸汁，一边用乐器唱歌，饮食和唱歌互不妨碍。蝉的鸣叫能预报天气，如果蝉很早就在树端高声歌唱起来，这就告诉人们“今天天气很热”。

蝉有古老昆虫原始特征

蝉在阳光下唱歌的生活只有

短短的一个月，然后就死去了，因此说它是个“短命”的歌手。可是，它们的幼虫却是昆虫世界里的“寿星”！蝉的幼虫一般要在地下生活六年，以吸取树根部的汁液为生，经过多次的蜕变，然后从土中钻出来，爬到树上蜕皮后变成会唱歌的成虫。

蝉蜕皮时，就好像在进行体操表演。只见它的身体腾飞在空中，只有一点粘在旧皮上，然后翻转身体，头向下，翅膀用力向外伸直张开。最后，再把身体翻转上来，用前爪钩住空皮，把身体从壳中脱出。这段“体操”表演大约要持续半个小时左右呢！

善于跳跃的蝗虫

蝗虫是昆虫界里有名的跳高健将，它们有着强劲有力的后足，能以很高超的跳跃技巧在陆地上移动。蝗虫一次弹跳的高度就有书桌那么高。它们跳跃主要是为了躲避敌人。

蝗虫生有咀嚼式口器，前翅强韧、后翅宽大，有着特别发达的后足，因此非常善于跳跃。

蝗虫不论是在天空飞翔，还是在地面跳跃，总是成群结队地活动，它们有群集性的特点。典型的蝗群每平方千米可达7亿多只，最大的一次是1889年，一批飞越红海的蝗虫，估计有2500亿只，总重量达到50万吨。蝗虫群飞过的地方，会吃光一切能吃的东西，使数千里之间，草木皆无，危害极大。

蝗 虫

雄性的蝗虫在繁殖季节会大声地歌唱，这是为了警告其他雄性蝗虫不要靠近，并且吸引雌性。它们是通过振动翅膀上的粗糙部分，或通过后腿和翅膀的摩擦而发出声音的。

蝗虫成群活动，是由它的生活习性决定的。因为蝗虫要适应和促进生理机能的活跃，则需要较高的体温，因此，它们必须群集，彼此紧密拥挤在一起，以维持体内温度的恒定。同时还能不断从环境中获取热量，增加体内的温度。

蝗虫非常善于跳跃

它特别强劲的前后翅，也为它长途飞行创造了条件。它顺风飞行，往往能飞几千千米。它经常以后足跳跃活动，后足的肌肉特别发达，成为它生活中的一个重要器官。

当成群的蝗虫在空中飞行时，一路上会诱导地面上的蝗虫响应和加入，使蝗群越来越大，甚至遮天蔽日，成为一种灾害，危害农业生产和人类的生活。所以，蝗虫是应当消灭的害虫。为此，科学家发明了一种雷达，能侦察出夜间大群蝗虫在50～80千米范围内的聚集情况，并据此预报蝗灾信息。

昆虫中的异类：斑胡蜂

长腿斑胡蜂是昆虫世界里很少见的异类，它们不筑巢，甚至不喜欢生儿育女，但它们却很擅长打仗，有很强的攻击性，一切“家务”都依靠“战俘”来完成。

斑胡蜂的进攻对象主要是胡蜂。斑胡蜂一发现胡蜂的巢穴就会倾巢出动，气势汹汹地跑去胡蜂的巢穴。同时，还发出“嗡嗡”的叫声。

一场空战开始了。胡蜂从巢穴里飞出来，两种蜂在空中展开殊死的搏斗。它们互相用带毒的刺刺对方，伤亡者纷纷从空中坠落下来。由于斑胡蜂凶悍暴戾，很快就控制了战争的局面。它们把胡蜂打得一败涂地，直到没有一个反抗的胡蜂为止。

斑胡蜂采蜜

接着，斑胡蜂就要举行隆重的“入城仪式”。斑胡蜂先抢进胡蜂的巢穴，找到胡蜂的蜂王，并把它踩在脚下。然后咬住它的触角，用毒刺刺它。斑胡蜂分寸掌握得非常好，它们既不让蜂王死去，又让它痛苦无比。因为胡蜂王一旦死去，其他的胡蜂就会一哄而散。胡蜂王为了免受皮肉之苦，最后只得屈服地按照斑胡蜂的指令去照料斑胡蜂的家人，帮助它们料理家务。